飞机部附件修理

主　编　都昌兵　唐启东

副主编　李向新　王昌昊　邹　倩
　　　　刘清平

参　编　王　江　赵迎春　杨海慧
　　　　文　成　丁哲民　文一娜

主　审　熊　纯

北京理工大学出版社
BEIJING INSTITUTE OF TECHNOLOGY PRESS

内 容 提 要

本书分为飞机部附件修理工艺体系构建、典型部附件修理两部分，采用项目驱动、任务引领方式，选取企业生产实际案例为教学项目，介绍了飞机部附件的分解、飞机机件的常见损伤处理、部附件的清洗与故检、飞机零部件的修理、飞机部附件的装配、飞机部附件的调试等六个方面的部附件修理基本知识，并选取液压系统、燃油系统、空调系统、冷气系统等典型部附件，阐述其修理工艺。

本书主要供航空维修类专业学生使用，也可供航空维修技术人员及自学者参考。

图书在版编目（CIP）数据

飞机部附件修理 / 都昌兵，唐启东主编. -- 北京：北京理工大学出版社，2021.10
　　ISBN 978-7-5763-0521-0

Ⅰ.①飞… Ⅱ.①都… ②唐… Ⅲ.①飞机构件—修理—高等职业教育—教材 Ⅳ.①V267

中国版本图书馆CIP数据核字（2021）第211205号

出版发行 / 北京理工大学出版社有限责任公司
社　　址 / 北京市海淀区中关村南大街5号
邮　　编 / 100081
电　　话 / （010）68914775（总编室）
　　　　　　（010）82562903（教材售后服务热线）
　　　　　　（010）68944723（其他图书服务热线）
网　　址 / http://www.bitpress.com.cn
经　　销 / 全国各地新华书店
印　　刷 / 河北鑫彩博图印刷有限公司
开　　本 / 787毫米×1092毫米　1/16
印　　张 / 12.5　　　　　　　　　　　　　　　　　　责任编辑 / 阎少华
字　　数 / 280千字　　　　　　　　　　　　　　　　文案编辑 / 阎少华
版　　次 / 2021年10月第1版　2021年10月第1次印刷　　责任校对 / 周瑞红
定　　价 / 59.00元　　　　　　　　　　　　　　　　责任印制 / 边心超

前　言

　　航空器维修是飞机飞行安全的重要保障，部附件维修则是航空器维修的重要部分。近些年，航空维修产业快速发展，市场规模越来越大。根据奥纬咨询（Oliver Wyman）的预测数据，2021—2031年，预计全球MRO市场复合年均增长率约为5.6%，到2031年，预计市场规模将达到1177亿美元，其中，飞机部附件修理市场预计将以1.9%的复合年增长率增长，到2031年将达到213亿美元。由此可见，随着我国自主研制的大飞机正式投入运营，部附件修理人才岗位数量需求将急剧增大，其对人才素养要求也将越来越高。

　　《飞机部附件修理》是飞行器维修技术专业核心课程。本书从飞机部附件修理职业岗位需求出发，以飞机部附件修理工艺体系构建与典型部附件修理为主线，选取企业生产真实案例作为教学项目，融入飞机部附件修理操作合格证要求，将操作步骤编制为实训工卡，以工作手册（工单）形式呈现，共12个教学项目，31个工作手册。

　　本书通过项目驱动、任务引领、行动导向的方式，解析工艺要求和专业技能的同时，注重强化学生职业素养，将航空维修"三敬畏"的职业素养，"四个意识"的民航机务维修工作作风融入教材内容中。利用工作手册明确学习者按要求接受教师和同组成员监督检查，并要求签署自己姓名，培养学生诚实守信、责任担当的优良品德。利用工作手册明确学生操作步骤和注意事项，培养学生养成团结协作与安全规范意识。融入"情注蓝天　航修报国——李天""中国梦•大国工匠篇——航修专家罗卓红：要干就干得最好"等课程思政案例12个，宣扬大国工匠、蓝天工匠等先进人物事迹和榜样力量，提高学生民族自豪感，提升课堂温度，培养学生劳动精神，以及敬重装备、敬仰航空、航空报国的机务工匠精神。

　　配套国家职业教育飞行器维修技术专业教学资源库，匹配《飞机部附件修理》省级精品在线开放课程优质教学资源、省级微课大赛团体赛一等奖微课群、虚拟仿真训练考核系统，可应用信息化手段开展线上线下相结合的"理-虚-实"一体教学改革。书中二维码对应的操作类教学视频，均拍摄于企业飞机部附件修理生产现场，操作者为企业真实岗位员工，直观呈现生产情景，利于开展情境教学，帮助学生全面把握、理解飞机部附件修理工作环境、岗位需求。

　　本书邀请了国内航空类院校相关专业骨干教师，航空维修企业部附件修理专家，共同组成实力雄厚编者团队，从校本教材到正式出版，经过了现代学制班和普通学生班教学实践检验，在全面性、系统性、合理性等方面进行了多次研讨、反复论证。参与编写人员主要有长沙航空职业技术学院：都昌兵、唐启东、李向新、刘清平、王江、赵迎春、文成、丁哲民、文一娜，成都航空职业技术学院王昌昊，济南职业学院邹倩，长沙五七一二飞机工业有限责任公司杨海慧等，本书由长沙航空职业技术学院熊纯主审。

　　由于编者水平有限，本书难免存在不足之处，恳请读者和专家批评指正。

本书配套教学资源包括：国家职业教育飞行器维修技术专业教学资源库网址：http://fxqwxzyk.cavtc.cn/；湖南省精品在线开放课程《飞机部附件修理》网址：http://zyk.cavtc.cn/?q=node/411；虚拟仿真训练考核系统。

编　者

虚拟训练考核系统示例 1：
泵的结构认知

虚拟训练考核系统示例 2：
液压泵的工作原理解析

虚拟训练考核系统示例 3：
液压泵的分解

虚拟训练考核系统示例 4：
液压泵的故检修理

虚拟训练考核系统示例 5：
液压泵的装配

虚拟训练考核系统示例 6：
液压泵的调试

目录 Contents

飞机部附件修理工艺体系构建

项目一　飞机部附件的分解

【学习目标】

【知识目标】

（1）熟悉飞机部附件分解的一般方法；

（2）掌握飞机部附件分解中的注意事项。

【能力目标】

（1）能够对飞机部附件进行分解；

（2）能够对螺纹连接件进行分解；

（3）能够对轴承连接件进行分解；

（4）能够对压配合件和销子等进行分解。

情注蓝天 航修
报国——李天

【素质目标】

养成自主学习能力、团结协作与安全规范意识，培养劳保精神和责任担当、敬重装备的机务工匠精神。

【任务描述】

● 阅读任务，在工作手册中完成任务

飞机部附件的分解是飞机部附件修理的第一步，分解质量的好坏直接关系到附件修理的质量。按照飞机部附件分解的方法、要求和注意事项等对相关飞机部附件进行分解，掌握飞机部附件分解的方法、要求和注意事项。

【知识链接】

一、飞机部附件分解中的注意事项

1. 分解的范围

根据飞机部附件的特点、故障情况及修理的性质来确定分解的范围。

如果附件不是进行大修，只是针对具体故障进行排故修理，那么没必要对附件进行全部分解，可以只针对具体故障进行局部的分解。

壳体上装有锥螺纹的管嘴或压配合的衬套等，如果没有损伤，允许不做分解。材料相同者可直接进行表面处理；材料不同者可喷涂与系统相同颜色的磁漆。

2. 分解前的检查

（1）分解前应注意检查附件的完整性和损伤情况，如有较大的故障，应及时向相关部门报告，以便相关部门研究处理。

（2）某些附件可能因批次不同进行了一些加装、改装，所以，分解前首先应检查原机附件的型号和加装、改装情况，并做好装配情况的详细记录。必要时应试验其性能。

（3）分解后的零件应妥善保存。

3. 分解前的准备工作

（1）内部充有压力的附件，分解前应使用工具将其固定牢靠，将压力解除，确定无压力时，再进行分解。

（2）拆卸强力弹簧时，必须使用工夹具。分解前应将附件固定牢靠。

（3）有保险措施的附件（锡焊、金属丝、开口销、止动螺钉、止动销等），必须先使用正确的方法解除各种保险措施后再进行分解。未解除保险措施不允许进行分解。

（4）精密附件如电磁开关、滑阀型附件等，分解前应检查漏油量。如果漏油量不大于技术条件中规定的最大漏油量的 80％ 时，附件分解后，精密配合偶件不应串件，允许抛光后使用。

4. 附件的装夹

附件分解时，一般不允许直接夹在虎钳上，必须使用专用夹具。

对于铝质或薄壁筒型零件不宜夹得过紧，防止零件变形。

5. 其他注意事项

（1）零件的串件，常给修理、配套和装配工作增加工作量，并容易出现不协调的问题。因此，在分解过程可以满足装配技术要求的情况下，应尽量保持附件的原成套性。为防止零件串件，应在零件明显的非工作表面上打上飞机架次编号或配套顺序编号，打号时应防止零件变形或裂纹，薄壁管子和冷气瓶圆柱形部位禁止打钢印。

（2）对于装配位置有严格要求的零组件，分解时要记清方位、长度、标志等，必要时做好记号。

（3）分解后的零组件应妥善放置。精密（或表面未经过处理）零件分解后应浸泡在油液中，超出 48 h 则应进行油封；一般零件分解后可酌情油封。

（4）分解时严禁野蛮操作，防止损坏零件。

■ 二、飞机部附件分解的一般方法

飞机部附件多种多样，它们的构造、大小和形状等各不相同，因而，附件的分解各有其特殊的方法。但是"在特殊性中存在着普遍性，在个性中存在着共性"。因此，附件的分解也存在着普遍性、共同性的方法。下面将介绍一些附件分解的一般方法。

1．螺纹连接件的分解

飞机部附件中螺纹连接件较多，分解时主要应掌握如下几点：

（1）必须判明螺纹的旋转方向后，再进行分解。

（2）壳体上的螺栓等无卡扳手的位置时，可将两个螺母同时拧在螺栓上，并互相压紧，扳手卡在螺母 2 上（图 1-1），按旋出方向转动扳手，即可拧下螺栓等。

（3）螺栓、螺钉等断在壳体内时，可采用钻孔攻反螺纹的方法进行分解。

（4）螺栓的六方头因磨损变圆，无法使用扳手时，可在六方头上端面开解刀槽旋出，或用锉锉小六方头等方法进行分解。

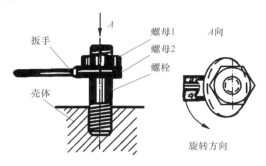

图 1-1　螺栓的分解

（5）螺纹接合部位过紧或有锈蚀时，可在煤油中浸泡适当时间，并用木榔头均匀敲击，振动螺纹，使之松动（注意 30CrMnSiNi2A 材料不准敲击）。

（6）冷气瓶、灭火瓶等瓶体上锥形管螺纹接头不能分解时，允许在瓶体管嘴处局部加温后分解，但温度不能超过 600 ℃。

2．轴承连接件的拆卸

（1）拆卸方法。由于结构的特殊性，轴承的拆卸不同于其他零部件。其常用的拆卸方法有以下两种：

1）用压力机来拆卸轴承。用压力机来拆卸轴承时应注意以下几点：

①压力的方向应与轴承端面垂直。

②轴承受力应均匀，防止轴承压偏而咬死。

2）用提盘（拉出器）来拆卸轴承（图 1-2）。用提盘来拆卸轴承时应注意以下几点：

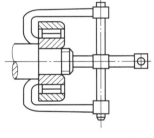

图 1-2　用提盘来拆卸轴承

①提盘的两脚尖应钩在轴承的端面上。

②提盘两脚的弯角角度不能大于 90°。

③提盘两脚杆与螺杆应保持平行，不能外撒。

④为使受力集中，提盘的螺杆头应制成 90° 尖角或装有弹子头。

⑤提盘的两脚与螺杆距离应相等。

（2）注意事项。在进行轴承的拆卸时应特别注意以下几点：

1）一般情况下，不允许用榔头直接敲打轴承内外环的方法拆卸轴承。

2）轴承由于壳体或轴结构的限制，不能用上述方法拆卸时，可以采用榔头、冲棒敲击衬套的方法拆卸，但拆卸时要均匀对称地敲打衬套两侧的凸台。

3）对安装在壳体内的轴承只允许施力于外环，不允许施力于内环，如图 1-3 所示；而对安装在轴上的轴承相反，如图 1-4 所示。

拆卸轴承

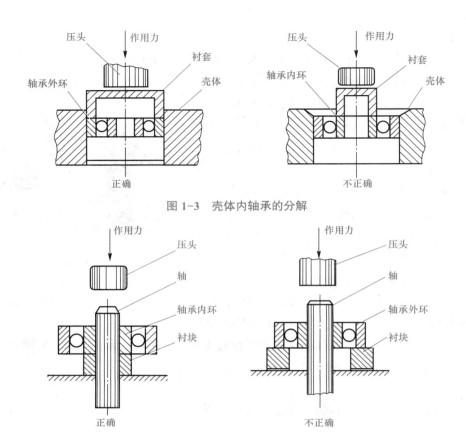

图 1-3 壳体内轴承的分解

图 1-4 轴上轴承的分解

4）为了保证不损坏轴承，拆卸时应使用衬套，衬套应用比轴承环软的材料制作。施加压力的方向应垂直于轴承端面，不得倾斜。

3．压合件的分解

凡属压装在各种壳体内或轴杆上的衬套及其他零件，一般不做分解。如果必须分解，应注意了解压合是热压合还是冷压合，若是热压合，则分解时应局部加温（加温温度视零件不同而有不同规定）使其孔胀大，再使用压力机和专用工夹具进行分解；若为冷压合，则不需要加温。

对于采用上述方法分解无效或不能采用上述方法分解，而又必须分解的压合件可采用钻、车的办法进行，但施工中不得损伤其他零件。

4．销子的分解

常用的销子有圆柱销和圆锥销两种。对于圆锥销，必须先判明锥度方向后才能进行分解。

分解销子一般采用冲、压的方法。若遇锈蚀过紧，则可先使用煤油浸泡。冲、压时所采用冲棒、压头的材料的硬度应低于销子的硬度。

如果采用上述方法不能分解销子，则可采用钻、车的方法将销子去掉。钻、车时不能损伤其他零件。

刹车调压器的分解

刹车调压器的构造如图1-5所示，需要对其进行分解。零件的串件常给修理、配套和装配工作增加工作量，并容易出现不协调的问题。因此，在修理过程可以满足装配技术要求的情况下，应尽量保持附件的原成套性，为防止零件串乱，应在零件明显非工作表面上打上架次编号或配套顺序编号，打号时应防止零件变形或裂纹，薄壁管子部位禁止打钢印。

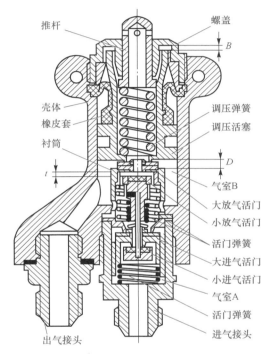

图1-5　刹车调压器的构造

注：B、D、t 为间隙

如图1-6所示，剪掉保险丝，拧出螺母，取出活塞，用开口扳手分解接管头，用活门组件拆卸工具顶出活门组，依次取出其他零件，完成分解。其具体工作任务见工作手册1。

图1-6　刹车调压器的分解

项目二 飞机机件的常见损伤处理

【学习目标】

【知识目标】

（1）熟悉飞机机件裂纹的相关知识；

（2）掌握机件裂纹的预防措施和修理方法；

（3）熟悉飞机机件磨损的相关知识；

（4）掌握机件磨损的预防措施和修理方法；

（5）熟悉飞机机件腐蚀的相关知识；

（6）掌握机件腐蚀的预防措施和修理方法；

（7）掌握弹簧的检查要求及处理方法。

【能力目标】

（1）能够预防飞机机件产生各种损伤；

（2）能够对飞机机件的各种损伤进行简单处理；

（3）能够对飞机部附件中弹簧进行损伤检查及处理。

中国梦·大国工匠篇——航修专家罗卓红：要干就干得最好

【素质目标】

养成实事求是、认真负责、遵章守纪的航空维修机务精神。

【任务描述】

● 阅读任务，在工作手册中完成任务

飞机零部件在使用一定时间以后，不可避免地会发生一些损伤。常见的损伤主要有裂纹、磨损、腐蚀，另外，还有变形、划伤、碰伤、毛刺和压坑等。本项目的学习任务是熟悉裂纹、磨损和腐蚀等损伤的现象，产生的原因，损伤的预防措施和处理方法，以及弹簧的损伤检查与修理知识，并练习刹车调压器的修理。

【知识链接】

■ 一、机件修理的基本原则

（1）橡胶件等非金属零件原则上不重复使用。

（2）压胶件应重新硫化压胶。

（3）钢丝直径在 0.5 mm 以下的弹簧应全部换新。

（4）机件的修理应考虑下次修理的可能。

（5）可不进行修理的机件，应尽量不进行修理，尤其是带螺纹的铝合金零件的表面，能不重新进行表面处理的尽可能不要重新进行表面处理。

■ 二、机件裂纹的修理

机件裂纹是飞机机件比较常见的故障现象，了解机件裂纹产生的原因和影响因素，掌握机件裂纹的预防和修复方法，在飞机修理中十分重要。

1．机件裂纹产生的原因

飞机机件产生裂纹主要是由于机件产生了疲劳破坏。

（1）疲劳破坏的概念。机件在远低于材料抗拉强度的交变应力作用下，工作一段时间便发生破坏，这就是机件的疲劳。这种因疲劳而破坏的方式就是疲劳破坏。

（2）疲劳破坏的类型。疲劳破坏有多种类型，其中最主要也是最常见的可分为以下两类：

1）低应力高循环疲劳（应力疲劳）：这种应力疲劳的交变应力一般低于材料的拉伸屈服强度。例如，飞机起落架、各种轴类零件的破坏就属于这种性质的破坏。

2）高应力低循环疲劳（应变疲劳）：这种应变疲劳的交变应力一般均高于或接近材料的拉伸屈服强度。一些有内外圆角、截面尺寸发生突然变化的零件的破坏就属于这种性质的破坏。

除上述两种类型的破坏外，还有腐蚀疲劳、冷热疲劳、接触疲劳及高温蠕变疲劳等。

2．影响疲劳性能的因素

（1）零件尺寸大小的影响。试验结果指出，随着试件绝对尺寸的增大，疲劳极限降低，这种现象叫作"尺寸效应"。

这是因为：从加工工艺角度来看，试件经过冷、热加工后，其表面上不可避免地存在一些加工缺陷，试件直径越大，则表面上这种缺陷存在的可能性也就越大，所以导致疲劳性能下降。

（2）几何形状的影响。零件外形因功能要求，常有转角、孔、槽等。这种由于外形的突变和材料不连续性的地方，常常产生很大的局部应力即"应力集中"。这种应力集中将明显地导致疲劳性能下降。

（3）表面状态的影响。材料的表面状态主要是指表面粗糙度、表面缺陷和表面处理等方面。

1）零件的表面粗糙度越高，疲劳性能也就越好。

2）零件表面稍有缺陷，常常成为极危险的尖端缺口，引起应力集中而形成疲劳源。

3）表面处理通常包括渗碳、渗氮、滚压、内孔挤压和表面喷丸等。这些都将提高疲劳性能。

（4）材料本质的影响。一般来说，材料内部组织均匀、晶粒越细，则疲劳极限越高。但是它对缺口敏感性也高，所以，有应力集中的情况存在时，则相应地降低了疲劳强度。另外，金属中的夹杂物处在应力集中区时无疑是有害的。

（5）使用条件等外因的影响。

1）温度的影响：总的来说，温度升高，疲劳极限就会降低。

2）周围介质的影响：对材料具有腐蚀作用的介质，如潮湿空气、水、盐水等，若作用于零件，则将产生腐蚀疲劳，大大降低材料的疲劳极限。

3. 预防机件产生裂纹的措施

为了有效地预防机件裂纹的产生，必须采取一些相应的措施来提高零件的抗疲劳性能。由于影响疲劳性能的因素有很多，因此，提高抗疲劳性能的手段也是多方面的。从修理工艺的角度考虑，提高抗疲劳性能主要包括以下措施：

（1）避免应力集中。零件局部的应力集中，常常是疲劳破坏的重要因素，它对零件疲劳强度的危害是众所周知的。因此，在修理时，一定要严格按工艺要求进行操作，避免任何因修理而造成的尖角和缺口。

（2）选择合理的加工工艺。加工工艺是否合理是影响疲劳强度的一个重要方面。不良的机械加工会使零件表面损伤或形成粗糙不平的表面；焊接质量的低劣也将给机件产生疲劳破坏留下隐患。因此，采用合理的工艺手段和方法是提高疲劳性能的一个重要方面。

（3）提高零件表面质量。

4. 机件裂纹的修理

无论采取何种措施，要完全控制机件裂纹的产生是十分困难的。因此，很有必要掌握机件裂纹的修理方法。

机件裂纹的情况及机件的使用情况是不同的，因此，关于机件裂纹的修理方法也不能千篇一律。常见的机件裂纹修理方法有以下几种：

（1）锉修或打磨。对于一些长度和深度不大的小裂纹，通常可采用锉修或打磨的方法排除。锉修应使用小圆锉或半圆锉；打磨一般使用气钻裹砂布（俗称"砂枪"）进行。

（2）打止裂孔。对于一些非受力部位的薄零件，如果有裂纹，则可以采用在裂纹两端分别打止裂孔的方法进行修复。

（3）焊接修理。对于一些焊缝裂纹，可以采用相应的焊接方法进行补焊修复。

注意：同一部位的焊接次数一般不允许超过两次。

关于机件裂纹的修理，一定要慎重进行。在修理时，必须按修理工艺规程或技术条件的要求，在允许的范围内采用相应的方法进行修理。

■ 三、机件磨损及修理

磨损是飞机机件最常见的损伤之一。了解磨损的机理，掌握如何预防磨损的产生及磨损机件的修理方法，在飞机部附件修理中十分重要。

1. 磨损的概念和分类

所谓磨损，是指物体工作表面的物质由于表面相对运动而不断损失的现象。

按照磨损的破坏机理，磨损可分为黏着磨损、磨粒磨损、表面疲劳磨损和腐蚀磨损。

（1）黏着磨损。摩擦副相对运动时，在外荷载的作用下，摩擦副的接触表面的微凸体互嵌而形成接触点，并在接触点处产生焊合，这时，接触表面上便发生材料从一个表面转移到另一个表面的现象，这就是黏着磨损。例如，液压泵中的柱塞头部与斜盘平面之间的磨损就是属于黏着磨损。黏着理论指出，摩擦副在荷载作用下，接触表面上的接触点产生很大的接触应力，以致产生塑性变形，形成小平面接触。在这种情况下，金属表面将出现黏着结点，在切向力的作用下，黏着结点被剪断，表面随即发生滑动。摩擦的过程就是黏着与滑动交替进行的过程。接触表面产生滑动是摩擦时的切向力作用的结果，这时接触点发生屈服、撕脱。那么这种黏着结点和不断黏着、撕脱、再黏着的循环过程就构成了黏着磨损的机理。

（2）磨粒磨损。摩擦副接触表面上硬的颗粒或硬的凸起物（或称微凸体）在摩擦过程中，引起材料脱落，这种现象就叫作磨粒磨损。

任何物体表面都不是绝对光滑的，即物体表面存在凹凸不平。通常将凸出表面的这些单元体称为微凸体。在摩擦区域里，由于微凸体互相摩擦发生微凸体破碎而形成屑，这些破碎屑再经过多次的互相作用形成磨粒（经实验证明，平均每个磨粒大约由 50 个破碎屑组成），这些磨粒不断地脱离摩擦区就是材料磨粒磨损的简单过程。

（3）表面疲劳磨损。两个接触面做滚动或滚动滑动复合摩擦时，在交变接触压应力作用下，使材料表面疲劳而产生材料损失的现象叫作表面疲劳磨损。例如，齿轮副、滚动轴承等能够产生疲劳磨损。

这种磨损是表面在有摩擦存在的情况下，同时承受交变接触压应力，使表面产生裂纹并继续发展而成的。它与材料的一般疲劳破坏的区别主要是存在摩擦、磨损作用，表面发生塑性变形和发热等现象，并受液体润滑介质的作用。这些条件对疲劳磨损过程产生重要影响。

（4）腐蚀磨损。在摩擦过程中，金属同时与周围介质发生化学或电化学反应，产生物质流失，这种现象称为腐蚀磨损。

由于介质的性质、介质作用在摩擦表面上的状态及摩擦材料性能的不同，腐蚀磨损又可分为氧化磨损、特殊介质腐蚀磨损、微动腐蚀磨损和气蚀磨损等。

2．影响磨损的因素

磨损的形式多种多样，影响磨损的因素也很多。主要的影响因素如下：

（1）材料的摩擦系数。摩擦系数越大，磨损量就越大。

（2）荷载。对于黏着磨损来说，随着荷载增加，磨损量也增加，当荷载增加到某一临界值时，磨损量则急剧增加。

（3）表面粗糙度。一般来说，摩擦副表面粗糙度越高，抗磨损能力也就越强。但是过高的表面粗糙度将会给润滑剂在表面内的储存带来困难，这又促使磨损加剧。

（4）温度。因摩擦而产生的热量，会使摩擦表面温度升高，当温度达到一定程度后，轻者破坏润滑油膜，严重者将使表面材料产生回火而降低强度，造成黏着磨损。

（5）滑动速度。在荷载不变的条件下，磨损类型及磨损量都随滑动速度而变化。当滑动速度较小时，磨损量也小，此时这种磨损属于氧化磨损；当滑动速度增大时，产生的磨损较大，属于黏着磨损；若滑动速度再增大，则又属于氧化磨损，磨损量又变小；继续增大滑动速度，又出现黏着磨损，此时磨损量又增大。

3．减小磨损的措施

影响磨损的因素有很多，从外界情况看，如作用在摩擦副上的外荷载、摩擦副相对滑动速度、因摩擦而产生的温度及润滑介质等；从摩擦副本身看，如材料性能、表面状态等，这些因素都直接或间接地影响着磨损情况。因此，要想减小磨损，就必须在全面考虑上述各因素的作用后采取相应的措施。下面就摩擦副本身材料的选用、润滑剂的选用及摩擦副的表面状态三个方面说明减小磨损的办法。

（1）材料的选用。相同金属或化学性能相近的金属，由于它们彼此互溶性大，黏着倾向性也大，所以容易产生黏着磨损；反之，异种金属彼此互溶性小，所以就不容易发生黏着磨损。因此，采用表面处理工艺，如电镀、化学渗氮、渗碳、表面喷镀等，可使摩擦副表面生成互溶性小的化合物、非金属涂层等，避免同种金属互相摩擦，防止黏着磨损发生。

（2）润滑剂的选用。润滑剂（油、脂）可以在摩擦表面生成油膜，将摩擦表面分离。由于润滑剂的种类不同，因此它们的理化性能也各不同。在选用润滑剂时，需要根据润滑对象的运动情况、摩擦副的材料、表面粗糙度、工作条件及使用环境等因素来确定其种类。对于润滑剂的一般要求是具有适当的黏度、良好的润滑性、机械稳定性和化学安定性。

（3）摩擦副的表面状态。这里所指的表面状态主要从表面粗糙度来考虑。以滚动轴承为例，表面粗糙度为 $Ra0.2$ 的轴承寿命比表面粗糙度为 $Ra0.4$ 的高 $2\sim3$ 倍，表面粗糙度为 $Ra0.1$ 的轴承寿命比表面粗糙度为 $Ra0.2$ 的高 1 倍，表面粗糙度为 $Ra0.05$ 的轴承寿命比表面粗糙度为 $Ra0.1$ 的高 0.4 倍，表面粗糙度为 $Ra0.05$ 以上的则对寿命影响甚小。这说明粗糙度在一定范围内可以减小磨损，而超出此范围，作用减小，甚至起相反作用。这是因为过于光洁的表面造成润滑剂储存困难，使磨损加剧。

4．磨损的修理

磨损件的修理工艺方法取决于机件工作性能的要求。

（1）对于机件工作表面要求高的，例如，飞机液压系统的一些附件中的柱塞、衬筒等零件，应采用研磨方法，这种方法主要是靠嵌入工具表面的磨料，在一定压力和相对速度下，对零件进行磨削加工。经过研磨的零件表面可获得很高的尺寸精度和表面粗糙度。

（2）对于零件尺寸精度和表面粗糙度要求不是很高的大型零件内孔，如起落架收放动作筒内壁的磨损，则可采用镗磨方法排除故障。这种方法是利用固定在镗磨头上的磨条对零件进行磨削加工。而对于外圆，则采用轮磨方法。它是利用高速旋转的砂轮对零件表面进行磨削加工。零件经镗磨和轮磨后再进行抛光，可进一步提高其表面粗糙度。

（3）对于与轴相连的孔磨损的修理，可以用铰孔方法修理。铰孔范围应为允许孔的最大孔径和最小孔距。铰孔后，孔的表面粗糙度应符合图纸要求，属于非配合表面孔磨损，允许采用压衬套方法排除故障。

（4）对于与孔相配合的轴表面的磨损，直径为 $5\sim10$ mm 的允许采用镀铬方法恢复尺寸，但铬层厚度不大于 0.1 mm；直径为 $10\sim20$ mm 的铬层厚度不大于 0.15 mm；直径为 20 mm 以上的铬层厚度不大于 0.2 mm。

（5）轴承外环直径磨损时，允许镀铬恢复尺寸。

（6）大孔径内壁常常出现划痕、擦伤、锈蚀、磨损等损伤，排除这些缺陷一般采用磨削、研磨和镗磨方法。但是对于较大机件孔壁，如果采用滚压修理，则可获得比上述修理方法更好的效果。因为这种修理方法是建立在金属受到外力的作用，使金属产生变形，提高了零件的表面粗糙度和硬度，并可使表面强化，提高了耐磨性，尤其是在孔的表面能够产生残余压应力，提高了疲劳强度。

■ 四、机件腐蚀及修理

腐蚀是飞机机件最常见的损伤之一。了解腐蚀的机理，掌握如何预防腐蚀的产生及腐蚀机件的修理方法，在飞机部附件修理中十分重要。

1. 腐蚀的概念

金属由于和外界介质之间发生化学作用或电化学作用而引起的破坏叫作腐蚀。金属腐蚀总是自表面开始，以后再向金属的内部蔓延，或同时向表面其他部分扩展。

按腐蚀过程的机理，腐蚀可分为化学腐蚀和电化学腐蚀两大类。

（1）化学腐蚀。化学腐蚀是大气和工业废气中的硫酸气、碳酸气等与金属表面作用而生成氧化物的腐蚀。

金属产生化学腐蚀主要表现在金属表面形成氧化物，这种氧化物能否形成主要看氧化物的分解压力的大小，如果在一定条件下金属氧化物的分解压力大于在该条件下介质中氧的分压力，则在该条件下金属氧化物不可能生成。反之，当介质中的氧的分压力大于该条件下氧化物的分解压力时，氧化反应才有可能进行，造成金属的化学腐蚀。

化学腐蚀开始时形成氧化膜，但开始所形成的氧化膜并不能使腐蚀停止，金属和介质还可以通过此膜进行扩散，使膜加厚。但是膜的加厚使腐蚀继续扩散困难，所以，这种生成保护膜的化学腐蚀过程本身就产生阻碍继续腐蚀的作用（这个作用叫作膜的"自行制动作用"）。这是化学腐蚀的一个重要特点。当然，这种"自行制动作用"的前提必须是膜能够完全把金属覆盖，没有裂纹而且是完整的。

（2）电化学腐蚀。由于两种金属的电极电位不同，当它们互相接触又存在电解液的情况下便产生电流，造成金属损坏，就是电化学腐蚀。

电化学腐蚀必须满足以下三个条件：

1）金属各部分（或不同金属之间）存在电极电位差；

2）相互接触；

3）存在电解液。

必须强调的是：即使是同一块金属，由于在结晶时产生偏析现象，材料的相结构不同，化学成分不均匀等，也同样会产生电化学腐蚀。

一般情况下，金属受到腐蚀并非单一的腐蚀形式，而大多是上述两种腐蚀同时存在。

2. 影响腐蚀的因素

影响腐蚀的因素有很多，从金属表面状态及外因影响情况来看主要有以下因素：

（1）形变（加工硬化）。金属在氧化前经受过形变产生冷作硬化，可使氧化开始阶段的氧化速度加快。对于电化学腐蚀来说也促使腐蚀加速。因为加工金属时所消耗能量的一部分使金属表面的自由能升高，造成电极电位降低。

（2）金属表面粗糙度。表面粗糙度高的金属腐蚀速度较慢，但是这种影响主要是在腐蚀的开始阶段。

（3）温度。化学腐蚀速度随温度升高而急剧增加。这是因为原子的扩散随温度升高而加剧。

（4）介质成分。含有 O_2、CO_2，特别是 SO_2 的水汽，都会加速机件的腐蚀。

3．预防腐蚀的措施

根据金属腐蚀的机理，可以采取多种措施来防止或减弱金属的腐蚀。下面介绍几种预防腐蚀的措施。

（1）阴极保护。把比被保护金属具有更低的电极电位金属材料同保护金属相连接以防止金属腐蚀的方法叫作阴极保护法。在这种情况下，保护金属的电极电位低，称为阳极；被保护金属称为阴极。

（2）阳极保护。研究工作表明，在金属能够钝化的条件下，阳极金属可由活性状态转为钝化状态，则金属不易被腐蚀，那么若想使金属变为钝化状态，就需要对阳极金属采用外加电流进行阳极极化。例如，把金属件连接到直流电源的正极，使金属件为阳极，结果该金属件在维持阳极极化的情况下不再被继续腐蚀。

（3）金属表面保护层。

1）金属层保护：在金属表面上镀上电位更低的金属保护层，如钢件镀锌、镀镉等，不仅具有机械性覆盖的保护作用（使金属与介质隔开），而且具有电化学保护作用。

2）非金属保护层：将非金属物质涂在金属表面来达到保护作用。其常用办法是喷（涂）漆层。这种油漆层的作用在于它构成了能隔开介质与金属相接触的膜。这种保护纯属机械性保护性质。若想达到保护作用，对油漆层应提出下列要求：

①油漆膜在腐蚀介质中具有稳定性。

②油漆膜应是连续、无孔、不透水、不透气。

③油漆膜具有较大的附着力（对金属表面）。

④油漆膜具有一定的硬度和弹性。

除油漆膜保护层外，在金属表面涂油也可以作为金属制品在储存和运输过程中的一种防蚀方法，这种油之所以能起保护作用是因为它可以阻止电解液层在金属表面上的形成。

3）氧化处理：通过化学反应生成氧化层来防腐。

①钢件的氧化处理：将钢件放到含有氢氧化钠和碱金属的硝酸盐的沸腾溶液中，则在钢的表面形成均匀的与金属牢固结合的氧化膜。

②铝合金的氧化处理：将铝合金件连接到直流电源的正极上，放到电解液（硫酸与水的混合液）中进行处理的方法叫作阳极化处理。处理后，便在金属表面形成氧化膜。

4．腐蚀机件的修理

（1）钢件。对于钢制件的非配合性表面的腐蚀，在去漆或除锈前，表面应用碱性水基清洗剂加以清洗，然后去掉表面的保护层，去除办法可根据腐蚀部位的可接近情况及腐蚀程度而定。对于容易接近部位可采用机械法（如喷砂、砂轮磨削、刮削、钢丝刷、砂布等）

去掉保护层和锈蚀物；对于不容易接近的部位可采用化学法（如用稀释剂）去掉保护层。待去掉保护层及锈蚀物后，应立即进行最后的防护，即恢复原保护层。

（2）铝合金件。铝合金件表面腐蚀处一般不宜使用钢丝刷清除锈蚀物，而应使用细砂布或刮刀来清除，最后使用细砂纸打磨抛光，再恢复原保护层，对于经过阳极化的铝合金件局部损伤后允许涂罩光漆。

（3）镁合金件。对于镁合金件表面的腐蚀物可采用刮刀刮去锈蚀物，然后将表面打磨干净，最后重新进行表面处理。表面氧化处理的方法是在打磨干净处涂亚硒酸溶液并晾干，等干燥后，再恢复原保护层。

【技能训练二】

刹车调压器的修理

按工艺要求，对刹车调压器的管接头、弹簧、活塞、壳体、活门等主要机件进行修理。其具体工作任务见工作手册 2。

项目三　飞机部附件的清洗与故检

【任务描述】

● 阅读任务，在工作手册中完成任务

飞机部附件在使用过程中，由于零件磨损、锈蚀或其他损伤，导致其技术性能变差。为恢复其性能，必须进行检查和修理。修理前的检查是确定磨损零件是否需要更换的一项重要工作。不该修的零件修了，不该换的零件换了，没有充分利用零件的使用寿命，会造成浪费；该修的零件不修，该换的零件不换，会影响附件的精度和性能，使以后的故障增加。飞机部附件的零件分解后，一般利用有机溶剂擦洗或超声波清洗的方法去除油污等异物，接下来要开始对零件进行故障检查，即故检。飞机部附件的机件故检通常采用测量和无损检测方法。本任务是清洗和故检刹车调压器。

【知识链接】

■ 一、飞机部附件的清洗

1. 机械零件主要清洗液

（1）有机溶剂。常见的有机溶剂有煤油、轻柴油、汽油、丙酮、酒精和三氯乙烯等。采用这种溶解方式除油，可溶解各种油脂。其优点是不需要加热、使用简便、对金属无损伤、清洗效果好；缺点是多数为易燃物、成本高，仅适用于精密件和不宜采用热碱溶液清洗的零件，如塑料、尼龙、牛皮、毡质零件等。需要注意橡胶件不能采用有机溶剂清洗。

（2）碱性溶液。碱性溶液是碱或碱性盐的水溶液，它利用乳化剂对不可皂化油的乳化作用除油，是一种应用最广的除污清洗液。

乳化作用是一种液体形成极小的细粒后，均匀分布在另一种液体中。在碱溶液中加入乳化剂形成乳化液，能降低油膜的表面张力和附着力，使油膜破碎成极小的油滴后，不再回到金属表面，以去除油污。常用的乳化剂有肥皂、水玻璃（硅酸钠）、骨胶、树胶、三乙醇胺、合成洗涤剂等。需要注意的是，清洗不同材料的零件应采用不同的清洗液。碱性溶液对金属有不同程度的腐蚀作用，尤其对铝的腐蚀性较强。

（3）化学清洗液。化学清洗液是一种化学合成的水基金属清洗剂配制的水溶液，金属清洗剂中以表面活性剂为主，具有很强的去污能力。另外，清洗剂中还有一些辅助剂，能提高或增强金属清洗剂的防腐、防锈、去积炭等综合性能。其原理是清洗剂配制成的清洗液先湿润零件表面，然后渗入污物与零件接触界面，使污物从零件表面脱落、分散，或溶解于清洗液中，或在零件表面形成乳化液、悬浮液，以达到清洗零件的目的。

2．飞机部附件常用清洗方法

（1）擦洗。将零件放入装有柴油、煤油或其他清洗液的容器中，用棉纱擦洗或用毛刷刷洗。这种方法操作简便、设备简单，但效率低，适用于单件小批小型零件。一般情况下不宜使用汽油，因其有溶脂性，会损害人的健康且易造成火灾。手工清洗时更应严格控制温度，可采用毛刷、擦布清洗。若有严重的油污或积炭，则可采用钢丝刷刷洗。清洗前应经一定的时间浸泡，满足湿润、浸透的需要。清洗可分为粗洗和精洗。清洗后的清洗液若含油污不严重，可撇去上层漂浮油污，再次应用于粗洗。

（2）超声波清洗。相对于传统的浸洗、刷洗和高压清洗等工艺来说，超声波清洗具有速度快、精度高、一致性、废液少等特点。超声波能量可以穿透非常细小的缝隙和小孔。超声波清洗常用于具有盲孔、深孔、弯孔、夹缝等较为复杂结构的中小型工件清洗，有着非常好的清洗精度和效率。针对一些中小型的零部件，可以在清洗专用框内一次性摆放若干个，再加上清洗液的作用，可以有效提高清洗速度和效率，减少人工工作量。

在超声波清洗槽内，对于装配件的清洗，不需要将装配件拆解成单个零部件，对其装配体可以直接清洗。在具体清洗工件之前，需要对被清洗件的材料结构、数量进行分析和明确，明确需要清洗的污染物和清洗度。对这些数据有了充分的了解和掌握后，才能更加准确地选择清洗工艺和清洗液。在最终清洗工艺确定之前，需要借助清洗实验进行验证，设计合适的清洗设备，实现对工件的无损清洗目标。

超声波清洗的效果受振动频率、功率及清洗液的影响。通常情况下，超声波清洗的振动频率为 20 ～ 120 kHz，频率较低情况下产生的噪声较大，波长较短，能量比较集中，一般在小而精密的零件清洗中应用。在频率较高的情况下，波长减短，空化效果减弱，清洗的效率比较低。对于一些油污较多、形状复杂的零件，可以采取较高功率的方式进行清洗，需要做好功率控制，如果功率过大，虽然可以提高清洗效果，但由于空化作用比较强，会对精密工件产生一定的影响。同时，超声波清洗受清洗液温度和物理特征的影响，清洗液的液面应比换能器振动平面高，高度控制在 100 mm 为最佳。清洗液的选择，需要考虑对工件及清洗槽体的腐蚀影响，如图 3-1 所示。

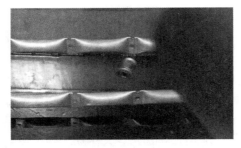

图 3-1　液压油滤的超声波清洗

二、飞机部附件的故检

1. 测量

应用量具对零件的尺寸进行测量，以判定其是否超差，从而决定零件是否需要修理或更换。如图 3-2 所示，常用的量具有游标卡尺、外径千分尺、百分表、内径量表等，对于特殊形状零件尺寸的测量，还要用到特殊的量具。

图 3-2　游标卡尺测零件尺寸

2. 无损检测

无损检测是在不损害或不影响被检测对象使用性能的前提下，对材料、零件、设备进行缺陷、化学、物理参数检测的技术。检测被检对象是否存在缺陷或不均匀性，给出缺陷大小、位置、性质和数量等信息。无损检测的方法包括目视检测、超声检测、磁粉检测、渗透检测及射线检测五个常规方法。

（1）目视检测。目视检测是指仅用人的眼睛或结合一些辅助设备，对飞机机件表面做直接观察，发现机件表面损伤，并根据个人的技能和技术规范对损伤做出判断与评价。目视检查飞机部附件壳体损伤如图 3-3 所示。目视检查可以借用的简单工具有照明设备、放大镜、反光镜、测量器具和内窥镜等（图 3-4）。目视检测的优点是经济、原理简单、检测速度快等，但只适用于机件表面检查，而且表面微小裂纹不易被发现，容易漏检。

图 3-3　用 5～10 倍放大镜检查壳体损伤

图 3-4　止规、通规检查壳体螺纹

（2）超声检测。超声检测是利用进入被检材料的超声波对材料表面与内部缺陷进行检测，根据接收返回的超声波特征，评估机件本身及其内部存在的缺陷特征。超声检测发动机内腔如图 3-5 所示。超声检测适用于多种材料的机件，其灵敏度高、穿透能力强、探测范围广，但机件形状的复杂性会对检测结果产生较大的影响。

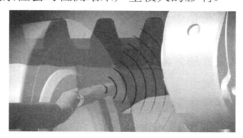

图 3-5　超声检测发动机内腔

（3）磁粉检测。磁粉检测的原理是铁磁性材料被磁化后，会吸附施加在工件表面的磁粉形成磁痕，从而显示出不连续性（缺陷或裂纹）的位置、大小、形状和严重程度。磁粉检测施工如图 3-6 所示。磁粉检测对机件表面裂纹等缺陷非常有效，检测速度快、费用低，便于在现场对大型设备和工件进行探伤。但它只适用于铁磁性材料检测，且只能显示缺陷的长度和形状，难以确定其深度；对剩磁有影响的工件，经磁粉检测后还需要进行退磁和清洗。

图 3-6　磁粉检测施工

（4）渗透检测。渗透检测是在被检机件上浸涂可以渗透的带有荧光的或红色的染料，利用渗透剂的渗透作用，显示表面缺陷痕迹的一种无损检测方法。渗透检测显示裂纹如图 3-7 所示。渗透检测具有操作简单、成本低、不受材料性质的限制等优点，其广泛应用于各种金属材料和非金属材料构件的表面开口缺陷的检测中。但渗透检测只能检测表面开口缺陷，且只适合非疏松多孔材料。

图 3-7　渗透检测显示裂纹

（5）射线检测。射线检测是利用射线强大的穿透力及使感光物质感光等特性对机件的质量状态进行的检测。射线穿透有缺陷的机件时，机件各部分对射线的吸收率不同，这样能量不同的射线在照相底片上形成的图像黑度会有所不同，通过观察射线底片图像，对照检验标准就可知道被检机件质量是否合乎要求。射线检测焊缝质量如图 3-8 所示。射线检测适用探测体积型缺陷，如气孔、夹渣、缩孔、疏松等，能确定缺陷平面投影的位置、大小和缺陷种类。但对在射线束穿透方向上尺寸不足以在底片上显示出影像的不连续，检查不出来，也不适用于锻件和型材。

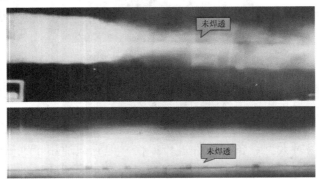

图 3-8　射线检测焊缝质量

■ 三、弹簧故检

1. 弹簧的检查

如图 3-9 所示，弹簧的检查项目很多，修理前，弹簧的检查内容主要有弹簧的长度、刚度、垂直度和表面质量等。

（1）弹簧长度的检查与要求。用游标卡尺或专用弹簧长度测量工具测量弹簧的长度（自由状态），其缩短量应不大于名义长度的 2%；支撑的钢丝端头应与工作圈贴合，允许不贴合间隙至 0.5 mm。

（2）弹簧刚度的检查与要求。弹簧刚度的检查即弹簧特性曲线的检查，在弹簧测力机上进行。

重要部位（如调整压力等）的压缩弹簧应按图样规定进行测力检查；一般复位弹簧可不做测力检查，但应按工作情况全压缩或拉伸试验三次，不允许有永久变形。

图 3-9　弹簧的故检

（3）弹簧垂直度的检查与要求。弹簧垂直度的检查，即检查弹簧端面对轴心线的垂直度，一般使用平板和角尺一起进行检查。

弹簧端平面与中心轴线的垂直度误差应≤3°。为保证弹簧的端面与弹簧轴线的垂直度，允许在保证弹簧自由长度符合规定的前提下，磨修弹簧的端面，磨修后可不再重新进行表面处理。

（4）弹簧表面质量的检查与要求。大部分弹簧表面是镀镉，也有部分弹簧表面是发蓝的。修理时应检查弹簧的表面质量，不允许有腐蚀和磨损。

2．弹簧的修理

弹簧在修理时应注意以下几点：

（1）钢丝直径小于 0.5 mm 的弹簧应一律换新。

（2）材料为Ⅰ、Ⅱa，直径为 2 mm 以下的弹簧进行表面处理时应按以下工序执行：

1）退镉；

2）消除应力回火；

3）镀镉；

4）除氢；

5）钝化。

【技能训练三】

刹车调压器的清洗与故检

用有机溶剂清洗所有零件。用 5～15 倍放大镜检查产品零件有无裂纹、腐蚀、变形、划伤，检查表面处理层、螺纹损伤情况。所有分解的零件表面处理层脱落总面积超过 5% 时，按照零件明细表的表面处理要求进行表面处理，零（组）件镀覆前，应无油污、金属屑、漆胶层、荧光粉、氧化皮、锈蚀、砂眼、压坑、裂纹、变形及其他机械损伤，允许存在轻微划伤。其具体工作任务见工作手册 3。

项目四　飞机零部件的修理

【学习目标】

【知识目标】

（1）了解飞机机件通用的修理方法；

（2）熟悉研磨的相关知识，掌握研磨方法和研磨时的注意事项；

（3）熟悉车修修理方法及应用；

（4）熟悉珩磨修理方法及应用；

（5）了解焊接修理的相关知识，熟悉焊接修理方法及应用；

（6）熟悉热处理和表面处理的相关知识及应用。

【能力目标】

（1）能够对零件进行研磨修理；

（2）能够根据机件的损伤形式选择合适的修理方法。

【素质目标】

养成热爱航空维修事业、敬仰航空、敬重装备、实事求是、认真负责、遵章守纪的航空维修机务精神。

航空安全警示语

【任务描述】

● 阅读任务，在工作手册中完成任务

飞机零部件的类型有种多样，零部件的损伤也各有不同，不同的零部件有不同的损伤，不同的损伤类型应采用不同的修理方法。本任务主要是熟悉研磨、珩磨、车修、焊接、热处理和表面处理几种常用的飞机机件修理方法。

【知识链接】

■ 一、研磨

用研磨工具和研磨剂从工具表面上磨掉一层极薄的金属，使工件达到精确的尺寸、准确的几何形状和很小表面粗糙度，这种加工方法称为研磨。

研磨是在其他金属加工方法不能满足工件精度和表面粗糙度要求时，所采用的精密加工方法。研磨通常采用手工操作，在飞机修理中应用非常广泛。

1. 研磨的一般知识

（1）研磨的基本原理。研磨的基本原理包含着物理和化学的综合作用。

1）物理作用。研磨时要求研具材料比被研磨的工件软，这样受到一定压力后，研磨剂中微小颗粒（磨料）被压嵌在研具表面上。这些细微的磨料具有较高的硬度，像无数刀刃。由于研具和工件的相对运动，半固定或浮动的磨粒则在工件和研具之间做运动轨迹很少重复的滑动与滚动。因而，对工件产生微量的切削作用，均匀地从工件表面切去一层极薄的金属。借助研具的精确型面，使工件逐渐得到准确的尺寸精度及较高的表面粗糙度。

2）化学作用。有的研磨剂还能与工件材料起化学作用。例如，采用氧化铬、硬脂酸等化学研磨剂进行研磨时，与空气接触的工件表面很快形成一层极薄的氧化膜，而氧化膜又很容易被研磨掉，这就是研磨的化学作用。

在研磨过程中，氧化膜迅速形成（化学作用），又不断地被磨掉（物理作用）。经过这样的多次反复，工件表面很快就能达到预定的要求。由此可见，研磨加工实际体现了物理和化学的综合作用。

（2）研磨的作用。

1）提高零件的表面粗糙度指标。经过研磨加工后，零件的表面粗糙度一般可达 $Ra1.6 \sim Ra0.1$，最小可达 $Ra0.012$。

2）能达到精确的尺寸。通过研磨后的尺寸精度可达到 $0.001 \sim 0.005$ mm。

3）能改进工件的几何形状，使工件达到准确的形状。用一般机械加工方法产生的形状误差都可以通过研磨的方法校正。

研磨后提高了零件表面粗糙度指标，改善了零件几何形状，零件的耐磨性、抗腐蚀能力和疲劳强度都相应地提高，从而延长了零件的使用寿命。

（3）研磨余量。由于研磨是微量切削，每研磨一遍所能磨去的金属层不超过 0.002 mm，因此研磨余量不能太大，一般研磨余量为 $0.005 \sim 0.030$ mm 比较适宜。有时研磨余量就留在工件的公差以内。

零件在研磨前，表面粗糙度应在 $Ra0.8$ 以下，其同轴度、圆度应符合图纸要求。在此前提下，研磨余量要尽可能小。

一般零件的研磨余量可参照表 4-1～表 4-4 执行，但采用时要考虑因形状不同而产生的误差及因温度而引起的度量误差的影响。直径小的或短的零件、表面粗糙度要求较低的零件采用表中较大的数值；直径大的或长的零件，采用表中较小的数值，不淬硬的零件可以将表中数值增加约 1/3。

表 4-1　精磨零件的研磨余量　　　　　　　　　　　　　　　　　mm

研磨种类	研磨平面		研磨外圆	研磨内孔
	按每面	按厚度	按直径	按直径
手工研磨	$0.003 \sim 0.005$	$0.006 \sim 0.010$	$0.003 \sim 0.008$	$0.005 \sim 0.010$
机械研磨	$0.005 \sim 0.010$	$0.010 \sim 0.020$	$0.008 \sim 0.015$	

表 4-2　平面（按外圆留）的研磨余量　　　　　　　　　　mm

直径	余量
≤ $\phi25$	0.005 ～ 0.008
$\phi26 \sim \phi75$	0.007 ～ 0.010
$\phi76 \sim \phi150$	0.010 ～ 0.014

表 4-3　外圆的研磨余量　　　　　　　　　　mm

直径	余量	直径	余量
—	0.005 ～ 0.008	$\phi51 \sim \phi80$	0.008 ～ 0.012
$\phi11 \sim \phi18$	0.006 ～ 0.008	$\phi81 \sim \phi120$	0.010 ～ 0.014
$\phi19 \sim \phi30$	0.007 ～ 0.010	$\phi121 \sim \phi180$	0.012 ～ 0.016
$\phi31 \sim \phi50$	0.008 ～ 0.010	$\phi181 \sim \phi260$	0.015 ～ 0.020

表 4-4　内孔的研磨余量　　　　　　　　　　mm

孔径	铸铁	钢
≤ $\phi10$	—	0.005 ～ 0.008
$\phi11 \sim \phi20$	—	0.006 ～ 0.010
$\phi21 \sim \phi24$	—	0.008 ～ 0.012
$\phi25 \sim \phi125$	0.020 ～ 0.100	0.010 ～ 0.040
$\phi150 \sim \phi275$	0.080 ～ 0.160	0.020 ～ 0.050
$\phi300 \sim \phi500$	0.120 ～ 0.200	0.040 ～ 0.060

2．研具和研磨剂

（1）研具。在研磨加工中，研具是保证研磨工件几何形状正确的主要因素。因此，对研具的材料、几何精度要求较高，而粗糙度要小。

1）研具材料。研具材料应满足的技术要求有：材料的组织要细致均匀；要有很高的稳定性和耐磨性；具有良好的嵌存磨料的性能；工作面的硬度应比工件表面硬度稍软。

常用的研具材料有以下几种：

①灰铸铁。灰铸铁有润滑性好、磨耗较慢、硬度适中、研磨剂在其表面容易涂布均匀等优点，是一种研磨效果较好、价低易得的研具材料。

②球墨铸铁。球墨铸铁比一般灰铸铁更容易嵌存磨料，且嵌得更均匀、牢固、适度，同时，还能增加研具的耐用度，采用球墨铸铁制作的研具已得到广泛应用。

③软钢。软钢的韧性较好，不容易折断，常用来做小型的研具，如研磨螺纹和小直径工件等。

④铜。铜性质较软，表面容易被磨料嵌入，适用于做软钢研磨加工范围的研具。

⑤铅。铅一般用于制作平台，研磨软钢、铜、铝或其他软金属零件，在最后精加工时使用。

⑥麂皮布。麂皮布用于最后抛光。

2）研具的类型。生产中需要研磨的工件是多种多样的，不同形状的工件应用不同类型的研具。常用的研具有以下几种：

①研磨平台。研磨平台主要用来研磨平面，它分有槽的和光滑的两种，如图 4-1 所示。有槽的用于粗研，研磨时易于将工件压平，可防止将研磨面磨成凸弧面。精研时，则应在光滑的平板上进行。研磨平台根据需要可分为生铁平台、铅平台和毛玻璃平台，而铅平台又分为粗、细、精三种。毛玻璃平台用于研磨非金属零件。

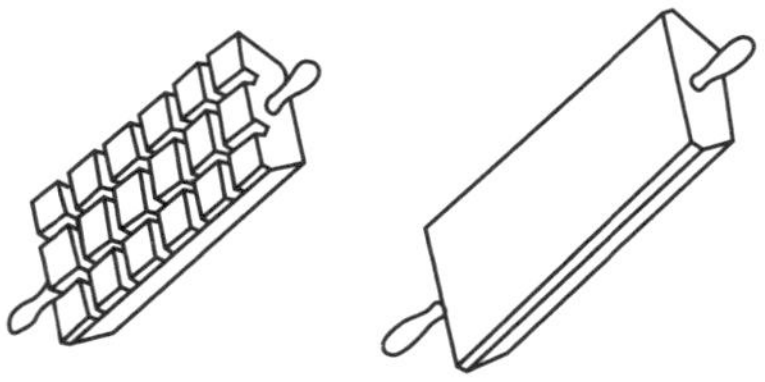

图 4-1　研磨平台
（a）有槽；（b）光滑

②研磨套。研磨套主要用来研磨外圆柱表面（外圆研磨）。一般做成可调节的，用锥度来补偿磨损，如图 4-2（a）所示。常用的锥度为 1∶10、1∶25 和 1∶30 等。另外，还有锯开式的研磨套，利用研磨套本身的弹性来实现调节，如图 4-2（b）所示。一般研磨套的长度与孔的比值为 1～2.5。

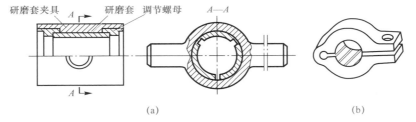

图 4-2　研磨套
（a）锥度调节外圆研磨套；（b）弹性调节外圆研磨套

③研磨棒。研磨棒主要用于圆柱孔的研磨，有固定式和可调节式两种，如图 4-3 所示。另外，还有有槽和光滑之分，如图 4-4 所示。

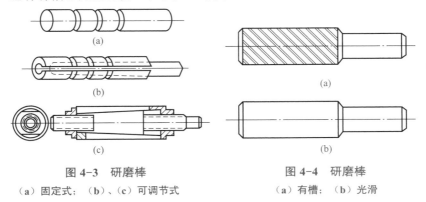

图 4-3　研磨棒
（a）固定式；（b）、（c）可调节式

图 4-4　研磨棒
（a）有槽；（b）光滑

固定式研磨棒制造容易，但磨损后无法补偿，多用于单件研磨或机修中。对工件上某一尺寸孔径的研磨，要 2～3 个预先制好的有粗精、半精、精研磨余量的研磨棒来完成。有槽的用于粗研，光滑的用于精研。

可调节研磨棒因为能在一定的尺寸范围内进行调整，适用于成批生产中工件孔的研磨，可以延长其使用寿命，应用较广。

如果把研磨环的内孔、研磨棒的外圆做成圆锥形，则可用来研磨内、外圆锥表面。

（2）研磨剂。研磨剂是由磨料和研磨液调和而成的混合剂。

1）磨料。磨料在研磨中起切削作用，研磨工作的效率、精度和表面粗糙度，都与磨料有密切的关系。常用的磨料有以下三类：

①氧化物磨料。氧化物磨料有粉状和块状两种，主要用于碳素工具钢、合金工具钢、高速钢和铸铁工件的研磨。

②碳化物磨料。碳化物磨料呈粉状，它的硬度高于氧化物磨料。除用于一般钢铁材料制件的研磨外，主要用来研磨硬质合金、陶瓷与硬铬之类的高硬度工件。

③金刚石磨料。金刚石磨料可分为人造和天然两种。其切削能力、硬度比氧化物、碳化物磨料都高，实用效果也好。但由于价格高，一般只用于硬质合金、硬铬、宝石、玛瑙和陶瓷等高硬度材料的精研磨加工。

磨料的系列与用途见表 4-5。

表 4-5　磨料的系列与用途

系列	磨料名称	代号	特性	适用范围
氧化物系	棕刚玉	CZ	棕褐色。硬度高，韧性大，价格低	粗、精研磨钢、铸铁、黄铜
	白刚玉	GB	白色。硬度比棕刚玉高，韧性比棕刚玉差	精研磨淬火钢、高速钢、高碳钢及薄壁零件
	铬刚玉	GG	玫瑰红或紫红色。韧性比白刚玉高，磨削表面粗糙度好	研磨量具、仪表零件及表面粗糙度要求较高的表面
	单晶刚玉	GD	淡黄色或白色。硬度比白刚玉高	研磨不锈钢、高钒高速钢等强度高、韧性大的材料
碳化物系	黑碳化硅	TH	黑色有光泽。硬度比白刚玉高，性脆而锋利，导热性和导电性好	研磨铸铁、黄铜、铝、耐火材料及非金属等材料
	绿碳化硅	TL	绿色。硬度和脆性比黑碳化硅高，具有良好的导热性和导电性	研磨硬质合金、硬铬、宝石、陶瓷、玻璃等材料
	碳化硼	TP	灰黑色。硬度仅次于金刚石，耐磨性好	精研磨硬质合金、人造宝石、半导体等高硬度脆性材料
金刚石系	人造金刚石	JR	无色透明或淡黄色、黄绿色或黑色，硬度高，比天然金刚石略脆，表面粗糙	粗、精研磨硬质合金、人造金刚石、半导体等高硬度脆性材料
	天然金刚石	JT	硬度最高，价格高	
其他	氧化铁		红色至暗红色，比氧化铬软	精研磨或抛光钢、铁、玻璃等材料
	氧化铬		深绿色	

磨料的粗细用粒度表示，分为磨粒、磨粉和微粉三个组别，见表4-6。其中，磨粒和磨粉的粒度以号数标注，一般在数字的右上角加"#"表示，如100#、240#等。此类磨料是用过筛法取得的，粒度号为单位面积上筛孔的数目。号数大，磨料细；号数小，磨料粗。微粉的粒度则用微粉尺寸的数字前加"W"表示，如W10、W15等。此类磨料采用沉淀法取得，号数大，磨料粗；号数小，磨料细。

研磨所用磨料主要是磨粉和微粉，应用时应根据研磨精度的高低参照表4-7选用。

表4-6　磨料粒度及尺寸

组别	粒度号数	颗粒尺寸 /μm	组别	粒度号数	颗粒尺寸 /μm
磨粒	12#	2 000 ～ 1 600	微粉	W40	40 ～ 28
	14#	1 600 ～ 1 250		W28	28 ～ 20
	16#	1 250 ～ 1 000			
	20#	1 000 ～ 800		W20	20 ～ 14
	24#	800 ～ 630			
	30#	630 ～ 500		W14	14 ～ 10
	36#	500 ～ 400			
	46#	400 ～ 315			
	60#	315 ～ 250		W10	10 ～ 7
	70#	250 ～ 200			
	80#	200 ～ 160		W7	7 ～ 5
磨粉	100#	160 ～ 125		W5	5 ～ 3.5
	120#	125 ～ 100		W3.5	3.5 ～ 2.5
	150#	100 ～ 80		W2.5	2.5 ～ 1.5
	180#	80 ～ 63		W1.5	1.5 ～ 1
	240#	63 ～ 50		W1	1 ～ 0.5
	280#	50 ～ 40		W0.5	0.5 ～更细

表4-7　常用研磨粉

研磨粉号数	研磨加工类别	加工可达表面粗糙度
100# ～ 280#	用于最初的研磨加工	—
W40 ～ W20	用于粗研磨加工	Ra0.4 ～ 0.2
W14 ～ W7	用于半精加工	Ra0.2 ～ 0.1
W5 以下	用于精磨加工	Ra0.1 以下

2）研磨液。研磨液在研磨过程中起调和磨料、冷却和润滑的作用。研磨液一般应具备以下几个条件：

①有一定的黏度和稀释能力，磨料通过研磨液的调和，与研磨表面有一定的黏附性，使磨料对工件产生切削作用。

②有良好的润滑和冷却作用。

③对工人健康无害，对工件无腐蚀作用，且容易清洗。

常用的研磨液如下：

①机油：应用较普遍，常用10号机油，在精密研磨中，用一份机油和三份煤油混合后使用。

②煤油：用于研磨速度较快、对表面粗糙度要求不大的粗研磨（用时应加入少量8号航空润滑油）。

③水：一般用于有机玻璃、水晶和胶木研磨。

④红油：实践证明，红油对于粗研磨和细研磨效果都比较好（不适合铅平台）。

⑤8号航空润滑油（HR-8）：润滑性好，适合精磨。

3）研磨剂的配制。在磨料和研磨液中加入适量的石蜡、蜂蜡等填料和黏性较大而氧化作用较强的油酸、脂肪酸、硬脂酸等，即可配制成研磨剂或研磨膏。

一般工厂常采用成品研磨膏，使用时加机油或红油等稀释即可。

3．研磨方法

工件研磨质量的好坏与研磨方法有很大的关系。下面介绍平面研磨和圆柱面研磨的方法。

（1）平面研磨。

1）一般平面的研磨。一般平面的研磨方法如图4-5所示。工件沿研磨平台全部表面用直线形、螺旋形或仿8字形运动轨迹进行研磨。图4-5（a）所示为螺旋形运动轨迹；图4-5（b）所示为仿8字形运动轨迹。平面（分油盘）的研磨施工如图4-6所示。

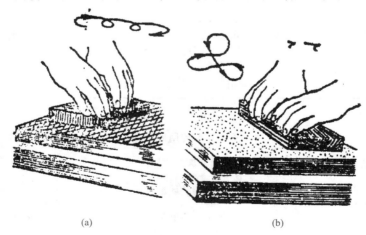

(a)   (b)

图4-5　一般平面的研磨

（a）螺旋形运动轨迹；（b）仿8字形运动轨迹

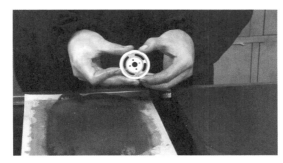

图 4-6 平面的研磨施工

2）狭窄平面的研磨。图 4-7 所示为狭窄平面的研磨方法。为防止研磨平面产生倾斜和圆角，研磨时应用金属块做成"导靠"，如图 4-7（a）所示，采用直线式研磨运动轨迹，图 4-7（b）所示为样板要研磨成半径为 R 的圆角，采用摆动式研磨运动轨迹。

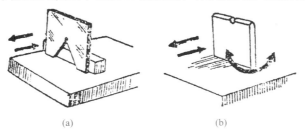

(a)   (b)

图 4-7 狭窄平面的研磨

（a）直线式研磨运动轨迹；（b）摆动式研磨运动轨迹

若工件数量较多，则应采用 C 形夹头，将几个工件夹在一起研磨，这样能有效地防止倾斜，如图 4-8 所示。

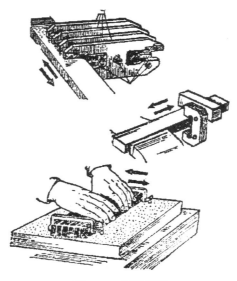

图 4-8 多件研磨

（2）圆柱面研磨。圆柱面研磨有研磨外圆柱面和内圆柱面之分。现就两种研磨方法分别叙述如下：

1）外圆柱面的研磨。研磨外圆柱面是用研磨套对工件进行研磨。研磨时在工件上均匀涂一层研磨剂，然后套上研磨套（其松紧程度应以手用力能转动为宜），以适当的速度（一般工件在 $\phi70 \sim \phi80$ mm 以下时，为 100 r/min，$\phi100$ mm 以上时，为 50 r/min）使工件做旋转运动，用手握住研磨套，沿轴线方向做往复运动。研磨套的运动速度不同，在工件上研磨出的纹路也不同。研磨往复运动的速度适当时，工件上研磨出的纹路呈 45°的交叉线；若速度太快，则纹路与工件轴线夹角较小；若速度太慢，则纹路与工件轴线夹角较大。研磨套往复运动的速度无论太快还是太慢，都会影响工件的精度和耐磨性。外圆柱面研磨施工如图 4-9 所示。

图 4-9　外圆柱面研磨施工

在研磨过程中，如果由于上道工序的加工误差，造成工件直径大小不一时（在研磨时可感觉到直径大的部位移动研磨套感到比较紧、直径小的部位感到比较松。有经验的师傅，即使尺寸大小在 0.01 mm 以内都能感觉得到），可在外径大的部位多研磨几次，一直到尺寸完全一样。另外，研磨一段时间后，应将工件调转 180°再进行研磨。这样就能使轴得到更准确的几何形状，同时，研磨套的磨耗也比较均匀。

2）内圆柱面的研磨。内圆柱面的研磨与外圆柱面的研磨恰恰相反，是将工件套在研磨棒上进行的。研磨时调节工件与研磨棒的松紧程度，一般以手不十分费力为宜，但不能过松。然后用手握住工件，并使研磨棒做旋转运动，而工件做往复运动。研磨剂涂在研磨棒上，由于棒上有环形槽的缘故，不致在研磨时把研磨剂全部从工件两边挤出。在研磨内孔时，常遇到孔口扩大的现象，应引起重视。为避免孔口扩大，在研磨开始前应将工件两边的被挤出的研磨剂擦干净，甚至可将研磨棒的两头用砂布磨小（中间直径稍大于两头直径），这样对防止孔口扩大有一定的效果。内圆柱面研磨施工如图 4-10 所示。

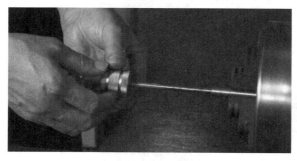

图 4-10　内圆柱面研磨施工

4．研磨中应注意的事项，研磨时产生废品的形式、原因及防止方法

（1）研磨中应注意的事项。为了保证零件精度要求，研磨时必须注意以下事项：

1）磨具与零件之间的运动。

①有些零件研磨时，可以不受外力作用，处于浮动状态，以免特殊的机械作用引起误差和缺陷。

②研磨时运动方向必须定期变换，以使研磨剂分布均匀，工件表面的划痕纵横交叉和工具表面磨损均匀。

③零件表面上每个部位相对于工具表面上的滑动路程相等。

2）研磨压力。软金属为 0.05 ～ 0.3 MPa，硬金属为 0.1 ～ 0.5 MPa，粗磨压力大一些，精磨压力小一些。

一般情况下，研磨效率是随着研磨压力的增加而提高的。但是研磨压力过大时，反而使研磨效率下降，甚至影响表面质量，尤其是精磨时，压力不宜过大，因此，研磨压力必须适当，其压力视零件及磨具的材料性质而定。

3）研磨速度。软金属及硬金属均为 6 ～ 30 r/min，粗磨时速度小一些，精磨时速度大一些。

在通常情况下，研磨效率也是随着研磨速度的增大而提高的。但是过大的研磨速度，会引起零件的工作表面退火。同时，也很难控制零件的尺寸，尤其是精密零件。所以，粗磨时速度不宜过大。

4）研磨现场的清洁。研磨后工件表面质量的好坏，与研磨工作中的清洁与否有很大的关系。如果在研磨中忽视了清洁工作，轻则会使工件表面拉毛，影响表面粗糙度；严重的还会拉出深痕造成废品。因此，在研磨的整个过程中，必须注意清洁，这样才能研磨出高质量的工件表面。

（2）研磨时产生废品的形式、原因及防止方法见表 4-8。

表 4-8　研磨时产生废品的形式、原因及防止方法

废品形式	废品产生的原因	防止方法
表面不光洁	1．磨料过粗 2．研磨液不当 3．研磨剂涂得太少	1．正确选用研磨料 2．正确选用研磨液 3．研磨剂涂布应适当
表面拉毛	研磨剂中混入杂质	重视并做好清洁工作
平面成凸形或孔口扩大	1．研磨剂涂得太厚 2．孔口或工件边缘被挤出的研磨剂未擦去就继续研磨 3．研磨棒伸出孔口太长	1．研磨剂应涂得适当 2．被挤出的研磨剂应擦去后再研磨 3．研磨棒伸出长度应适当
孔成椭圆形或有锥度	1．研磨时没有更换方向 2．研磨时没调头研磨	1．研磨时应变换方向 2．研磨时应调头研磨
薄形工件拱曲变形	1．工件发热了仍继续研磨 2．装夹不正确引起变化	1．不使工件温度超过 50 ℃，发热后应暂停研磨 2．装夹要稳定，不能夹得太紧

■ 二、珩磨

在飞机部附件修理工作中，珩磨主要用来排除圆筒形零件（如作动筒或缓冲器的外筒）内壁上的损伤，使零件达到规定的尺寸、形状精度和表面粗糙度。珩磨是利用固定在珩磨头上的磨条对零件进行磨削，如图4-11所示为珩磨示意。磨条由磨料和胶粘剂黏合而成。珩磨头用铰链连接在珩磨机的主轴上，被磨零件用夹具固定在工作平台上。珩磨时，珩磨头插入零件，由机床带动，在零件的圆筒内壁做旋转运动和上下往返运动。调整珩磨头直径，使磨条紧贴零件内壁，并与筒内壁之间产生一定的压力（称为珩磨压力）。此时，磨条上的磨料在一定的压力和运动速度下对零件内壁进行磨削。

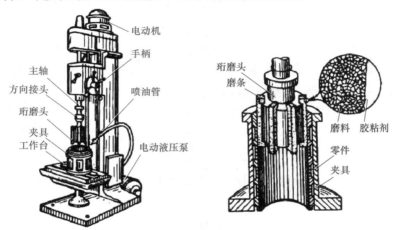

图4-11 珩磨示意

与研磨相比，珩磨也是利用磨料对零件进行磨削的，而且可分为粗磨和精磨两个阶段，这些是它们的共同点。但是珩磨是同时用几根磨条（一般为4～6根）安装在珩磨头上进行磨削的，磨条固定得比较牢固，珩磨压力和运动速度可以加大，因而，珩磨的切削作用较大，磨削可达 $Ra0.4 \sim 0.05\ \mu m$。在研究珩磨修理时，应着眼于其特点，着重研究如何正确地选用磨条、珩磨压力和运动速度，以保证零件的珩磨质量，提高珩磨效率。珩磨施工如图4-12所示。

图4-12 珩磨施工

（1）磨条的选择。磨条选择时应考虑它的磨料成分、粒度、胶粘剂的种类及磨条的硬度等因素。

1）磨料的成分和粒度。用于制作磨条的磨料有碳化硅和氧化铝两种，通常是根据零件材料来选用的。磨削淬硬合金钢材制成的零件，常采用氧化铝制成的磨条；磨削碳钢、生铁等材料制成的零件，可采用碳化硅制成的磨条。磨条的粒度则根据加工要求来选用，粗珩磨时，采用颗粒较大的磨料（粒度号数为 $80^\#\sim180^\#$）；精珩磨时，采用颗粒较小的磨料（粒度号数为 $280^\#\sim320^\#$）。

2）胶粘剂的种类和磨条的硬度：粘合磨料所用的胶粘剂有陶瓷胶粘剂（代号为 A）、树脂胶粘剂（代号为 S）和橡胶胶粘剂（代号 X）三种。其中，使用较普遍的是陶瓷胶粘剂，它的耐热、耐水性能好且强度较大，但性质较脆，在珩磨过程中容易脆裂，使零件的表面粗糙度变差。因此，珩磨表面质量要求高的零件，最好采用弹性和强度都较高的树脂胶粘剂。

磨条的硬度是指胶粘剂黏合磨料的牢固程度。它是由磨料和胶粘剂的配合比例来决定的。根据磨料黏合的牢固程度，可将磨条硬度分为若干等级。其分类见表 4-9。

表 4-9　磨条的硬度等级

硬度分类	超软	软	中软	中	中硬	硬	超硬
硬度等级的代号	CR	R_1	ZR_1	Z_1	ZY_1	Y_1	CY
		R_2			ZY_2		
		R_3	ZR_2	Z_2	ZY_3	Y_2	
注：表中硬度的 1、2、3 表示硬度增高的顺序。							

磨条硬度大，表示磨料粘合牢固，只有受到较大的外力作用时才会从磨条上脱落；磨条硬度小，磨料在较小的外力作用下就可以从磨条上脱落。在珩磨过程中，要求磨料磨钝以后，应及时地脱落下来，以便露出新的磨料，继续对零件进行磨削。如果磨料脱落得太晚，磨料早已磨钝，不仅会影响磨削效率，而且会由于剧烈的摩擦，使温度急剧升高，引起零件变形甚至表面材料退火，影响零件珩磨质量。磨料脱落太早，珩磨效率虽高，但磨条消耗太快，不容易保证零件的尺寸形状准确。然而，磨料磨钝的快慢程度又与零件材料性质有关。零件材料硬度大，磨料容易磨钝，必须采用硬度小的磨条，使磨料能较早地脱落，以便始终保持锋利的棱角，有效地对零件进行磨削；反之，零件材料硬度小，则应采用硬度较大的磨条，以免磨料脱落过早。珩磨经过淬硬的钢质零件，一般采用中软或中等级硬度的磨条。珩磨未淬火的钢质零件，多采用中硬等级的磨条。

另外，还应根据零件的长度，选用合适的磨条长度，一般磨条长度均为零件长度的 $1/3\sim1/2$，这样可以保证磨条在上下往返运动中，能够比较均匀地对整个零件的内壁进行磨削。

为了便于选择，应根据磨料的成分、粒度、胶粘剂及磨条硬度等，在磨条上标注统一代号，以便识别。例如：

GC　　　　　　280　　　　　Z_1　　　　　　A　　　　　SH　　（10×12×120）mm
（绿色碳化硅）　（粒度号）　（硬度）　（陶瓷胶粘剂）（形状）　　　　（尺寸）

（2）研磨压力的选择和调整。研磨压力是保证磨条对零件进行磨削的必要条件。在研磨过程中，由于磨条不断地磨耗，磨条与零件内壁的接触压力不断减小，因此，必须经常调整研磨压力，保证磨条能均匀地对零件进行磨削。

研磨压力是通过研磨头上的调整机构来实现的。目前，常见的调整机构为手操纵式（图 4-13）。在研磨头主体四周装有垫块，用以固定磨条，主体中间有调整锥与调整螺母，在调整锥垫块之间安放顶棒。顺拧螺母，使锥体下移，顶棒逐渐推动垫块，使磨条向外张开，研磨压力增大；反拧螺母，弹簧箍的弹力随锥体上移，垫块和磨条在弹簧箍作用下向里收缩，研磨压力减小。一般在粗研磨时，可采用较大的研磨压力，提高磨削效率；在精磨时，则应采用较小的研磨压力，使零件获得较低的表面粗糙度值。

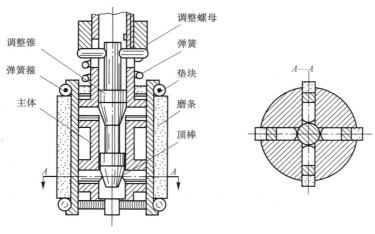

图 4-13　研磨压力的调整

（3）研磨头运动速度的选择。研磨头在工作中既做旋转运动，又做上下往复运动。当它向上运动时，磨料使零件内壁产生如图 4-14 中实线所示的纹路；向下运动时，则产生如图 4-14 中虚线所示的纹路。这两种纹路交叉呈网状，对零件内壁均匀地进行磨削。研磨头的旋转速度 u 和往复运动速度 v 为一定时，两者速比 u/v 形成的网状纹路的交叉角为一定值。经验证明，往复运动速度增大，其交叉角增大，磨削效率较高，但表面粗糙度值较高；旋转运动速度增大，其交叉角减小，能获得较低的表面粗糙度值。一般粗研磨时，调整两者的速比，使网状纹路交叉角为 $30° \sim 60°$；而精研磨时，调整两者的速比，使网状纹路交叉角为 $15° \sim 30°$。

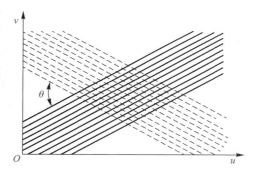

图 4-14　网状纹路的形成

研磨头往复运动的过程，应使磨条在上、下极端位置时，超越零件两端一段距离（简称越程）。越程的大小一般应为磨条长度的 $1/4 \sim 1/3$。越程太小，零件两端被磨削的机会比中间少，容易形成腰鼓形；越程太大，零件两端磨削得比较厉害，又容易形成喇叭口形。这都会降低研磨质量。研磨头的运动速度和往复行程通过研磨机上的调整机构进行调整。

另外，在研磨过程中，通常要用煤油或加入少量机油作为润滑冷却液，这样既可以冲洗切屑和磨料，又可以起润滑散热作用，防止烧伤零件，降低零件的表面粗糙度值。

三、车修

车修是飞机部附件修理中常用的一种修理手段。飞机部附件中的一些零件经过使用后会产生损伤，为了满足附件的使用要求，可采用车修的方法进行修复。

1. 车修的主要使用场合

在飞机部附件修理中，通常在下列情况下采用车修方法：

（1）管接头的车修。管接头喇叭口的损伤是管接头的常见损伤，通常采用车修喇叭口的方法进行修复（图4-15）。

图 4-15　管接头的车修

（2）阀口的车修。零件阀口损伤或阀口高度偏低时，可采用重新车制阀口的方法进行修复。

（3）无法分解的连接件。对于一些实在无法分解的连接件，可采用车修的方法进行分解。

（4）其他零件的车修。对于一些有特殊要求的零件，应按图纸或修理工艺的要求进行车修。

2. 车修时的注意事项

零件在车修时应注意以下一些事项：

（1）车修时不能损坏零件的其他部位。

（2）车修管接头喇叭口时应用专用夹具装夹在管接头螺纹部位，以保证喇叭口与螺纹的同轴度。

（3）用车修的方法分解连接件时，用车刀车掉易于加工或价格低的零件。

（4）按图纸或修理工艺进行车修，保证零件的尺寸及表面等符合要求。

四、焊接

焊接是广泛应用的加工工艺。占钢总产量60％左右的钢材是经过各种焊接形式连接后投入使用的。借助焊接可以连接同种金属、异种金属、某些烧结陶瓷合金及某些非金属材料。焊接在飞机部附件修理过程中是常用的一种修理方法（图4-16）。

图 4-16　焊接修理

1. 焊接的种类

（1）熔化焊接。熔化焊接是焊接工艺中一种最基本的工艺方法。其包括气焊、手工电弧焊、埋弧焊、气体保护电弧焊、等离子弧焊、电渣焊、电子束焊、激光焊等。

1）气焊。气焊所用设备简单，移动方便、操作容易，而且可达性好，适用于各种位置焊接碳钢、低合金钢等，尤其适合焊接薄件。焊接用热源是氧－乙炔火焰。

2）手工电弧焊。手工电弧焊是一种利用焊条与焊件间产生的电弧热并熔化的焊接方法。这种焊接工艺基本上不受焊接场地和焊接部位的限制，适用于低碳钢、低合金钢、不锈钢和高强度钢等材料的焊接。

3）埋弧焊。埋弧焊自动保护效果好，生产效率高，焊缝美观，易实现机械化和自动化。

4）气体保护电弧焊。气体保护电弧焊的最大特点是在焊接过程中保护气体（氩气、二氧化碳气体）从喷嘴中以一定的速度流出，把电弧、熔池与空气隔开，杜绝空气对焊接的不良影响。因此，此种焊接方法的优点是成本低、操作灵活方便，焊缝质量易保证。

5）等离子弧焊。等离子弧焊是一种利用电弧经过水冷喷嘴孔道，受到机械压缩、热收缩效应的作用，使弧载面缩小、电流密度增大，提高弧内的电离度，使之成为等离子弧进而利用其进行焊接的电焊方法。这种等离子弧的弧柱温度很高，弧流的流速也很大，所以穿透力强。因此，对于较厚材料的焊接，可不开坡口，一次焊透，双面成形。另外，这种方法生产效率高。

6）电渣焊。电渣焊是一种利用电流通过液态熔渣产生的电阻热为热源的焊接方法。

7）电子束焊。电子束焊是在真空环境下，从阴极发射电子，并加速在电磁场聚集成高能的电子，轰击焊接表面而产生热能作为热源，从而达到使焊件熔化的一种工艺方法。

这种方法是在真空环境下进行的，所以保护了焊接金属的高纯度。另外，由于这种热源能量集中，所以对焊件影响区小，产生的变形量也就小。

8）激光焊。激光焊是利用经聚焦后具有高功率的激光束为热源的一种特殊焊接方法。

（2）压力焊接。压力焊接主要包括电阻焊、摩擦焊等。

1）电阻焊。常见的电阻焊是点焊法。点焊过程是先加热，再通电。由于焊件内电阻和接触电阻发热及电极散热等作用形成焊核，然后断电，待焊核凝固后去掉压力。低碳钢、不锈钢、铝合金、镁合金及铜合金均可采用点焊法。

2）摩擦焊。摩擦焊是以摩擦热为热源把焊件的焊接面加热到塑性状态的一种热压焊方法。这种焊接工艺的突出特点是可焊接异种金属，焊接后焊件尺寸精度及几何精度高。

（3）堆焊。堆焊是在零件表面或边缘熔敷耐磨、耐蚀或特殊性能的金属层来制造双金属零件或修复外形不合格的金属旧零件的工艺方法。零件的易损表面通过堆焊可以提高其使用寿命。所以，在修理工作中，堆焊是经常被采用的一种修理工艺方法。例如，一般结构钢焊接件可以采用气焊或电焊法进行堆焊修理。但是堆焊方法只适用于零件承受压力部位，对于承受拉应力、弯曲、剪切、扭转应力的部位则不能采用堆焊。

2．焊接缺陷及特征、焊接质量的检验

（1）焊接缺陷及特征。常见的焊接缺陷及特征如下：

1）焊缝缺陷（包括焊缝尺寸及外形）：焊缝外形尺寸不符合要求，焊缝成型不良。

2）咬边：焊件表面上焊缝金属与母材交界处形成凹下的沟槽。

3）焊瘤：焊缝边缘或焊件背面焊缝根部存在未与母材熔合的金属堆积物。

4）弧坑：焊缝末端收弧处的熔池未被填满，在凝固收缩后形成凹坑。

5）气孔：存在于焊缝金属内部或表面的孔穴。

6）夹渣：残存在焊缝中的宏观非金属夹杂物。

7）未焊透：焊缝金属与母材之间，或焊缝金属之间的局部未熔合。

8）裂缝：存在于焊缝或热影响区内部或表面的缝隙。

（2）焊接质量的检验。焊接质量的检验包括以下两项：

1）破坏性检验。如焊接接头的机械性能试验、化学分析及试验、金相试验等。通过破坏性检验，可以检查出焊缝金属的组织是否均匀、有无偏析、硬度分布情况及内部缺陷等问题。

2）非破坏性检验。如外观检验、无损探伤等。非破坏性检验可以检查出焊接接头的外部缺陷及穿透性缺陷、焊缝的密封性，焊缝表面或近表面及内部的裂纹、气孔、夹渣、未焊透等问题。

■ 五、热处理

热处理是零件制造或修理过程中的重要工序之一。热处理能提高金属材料的机械性能、改善零件使用性能、延长零件使用寿命等（图4-17）。

图 4-17　热处理

1．热处理的分类

由于各种零件的形状、尺寸、性能要求及所用材料不同，因而热处理的方法也不同。根据热处理规范及组织性能变化的特点，通常将热处理分为：普通热处理，包括退火、正火、淬火和回火等；表面热处理，包括表面淬火和化学热处理（渗碳、氮化、碳氮共渗等）；其他方法热处理，如形变热处理等。

（1）退火：将钢加热到适当的温度，保温后经缓慢冷却（一般为随炉冷却）的热处理工艺。

（2）正火：将钢件加热到 Ac_3 或 Ac_{cm} 以上 50 ℃～ 70 ℃，保温后在空气中冷却的热处理工艺。

（3）淬火：将钢加热到相变温度以上，保温后以大于 $v_{临}$ 的速度冷却下来，得到以马氏体为主要组织的热处理工艺。淬火是使钢强化的重要方法。

（4）回火：对淬火钢重新加热到 Ac_1 以下某一温度并保温，使马氏体转变为相对稳定的组织，然后冷却下来，以消除或降低内应力，并获得所需性能的热处理工艺。

（5）表面淬火：只对工件表层进行淬火的热处理工艺。其是把工件表层快速加热到淬火温度（芯部温度低于 Ac_1），然后迅速冷却下来。

（6）渗碳：渗碳是将含碳量为 0.1%～ 0.25% 的低碳钢或低碳合金钢工件置于渗碳介质中加热和保温，使碳原子渗入表层，以得到含碳量为 1.0% 左右，并使渗碳层具有一定深度的热处理工艺。

（7）氮化：又称渗氮，是在一定温度下（一般在 Ac_1 温度以下）使活性氮原子渗入工件表面的化学热处理工艺。

（8）碳氮共渗：在一定温度下同时将碳、氮原子渗入工件表层的化学热处理工艺。

2．热处理在飞机零件修理中的应用

在飞机零件的修理过程中，经常要用到热处理的方法。这里举几个例子加以说明。

（1）零件磨修后。零件经过磨修后，会产生应力，因此要经过去应力回火处理。

（2）弹簧修理。弹簧如果要重新进行表面处理，那么在退镉后也要进行去应力回火。

（3）焊接件的退火。焊接件在靠近熔化区的部分由于热影响而产生过热组织（该组织不均匀），从而不可避免地会造成很高的内应力，使工件的强度和韧性降低。因此，为了提高焊接件的机械性能，就需要对焊接件进行退火或正火处理。

■ 六、表面处理

为了防止零件腐蚀，改善表面性能（如抗磨性能、抗热性能等），一般都必须进行表面处理。在飞机部附件修理过程中，很多零件都必须重新进行表面处理。

1．常用表面处理方法

（1）镀铬：镀层具有极好的抗磨性、抗蚀性，而且镀层的接合力好。

（2）镀锌：镀层抗大气腐蚀，有良好的接合力，抗磨性差。

（3）镀镉：镀层抗大气腐蚀，有良好的接合力，抗磨性一般。

（4）镀镍：镀层抗磨性很好，抗蚀性好，镍层的接合力也很好。

（5）镀铜：一般作为镀镍、镀铬的底层，以提高镀层的接合力。

（6）磷化：凡属于油漆底层的磷化处理，目的是提高漆膜的附着力，避免制件在受弯折或冲击时脱漆，另外，也可减小漆膜下的腐蚀。为了提高制件的防锈能力的磷化处理，应选用比油漆底层磷化膜较厚的磷化膜。这种厚膜抗蚀效果比其他转化膜高，而且对基体材料无氢脆影响。

（7）发蓝：发蓝所形成的膜属于氧化膜，膜厚为 0.5～1.5 μm。这种膜的抗蚀性较差，但是涂敷油或清漆后，其防护性及抗磨性便会得到改善。这种工艺方法对机件表面无显著影响，而且不产生氢脆。

（8）铝及铝合金的阳极化：铝制件上的阳极氧化膜是由极薄（0.01～0.1 μm）的无孔层和一定厚度（几微米至数百微米）的多孔层组成。较厚（30 μm 以上）的阳极氧化膜（也称硬阳极氧化膜）不但防蚀，而且有一定的抗磨能力。

2．飞机机件表面处理通用要求

（1）一般要求。需要表面处理的零（组）件，应有上道工序的检验合格证明或检验印章。

1）零（组）件镀覆前，应无油污、金属屑、漆胶层、荧光粉、氧化皮、锈蚀、砂眼、压坑、裂纹、变形及其他机械损伤。允许存在轻微划伤。

2）焊接件应无焊料剩余物和熔渣。

3）铸件应无砂粒和涂料烧结物。

4）吹砂件应无残留砂粒和油污，磷化吹砂件表面不应有脏污。

5）有缝隙的相同金属的组合件，原则上不应进行电镀；若确需电镀，则应采取有效的保护措施，防止组合件内表面遭受腐蚀。有缝隙的不同金属的组合件，不允许进行电镀；若确需电镀，则必须分解。

6）锻件、铸件、焊接件、冲压件或原材料带有相关技术文件允许的缺陷时，可进行镀覆。但因这些缺陷所造成的镀覆层缺陷，不作为镀覆层质量缺陷。

7）弹性和薄壁零件（壁厚 $\delta < 1$ mm）及抗拉强度 $\sigma_b \geq 1\,300$ MPa 的钢制零件，不允许阴极除油和强酸腐蚀，可采用吹砂、滚光、振光、刷光、磨光或 5％的硫酸或磷酸酒精溶液处理。

8）需要全部表面电镀和氧化的零件，允许有不影响装配的夹具痕迹存在。但非镀表面不得有镀层或过腐蚀及人为损伤。

9）镀锌、镀镉、化学氧化（发蓝）、磷化、阳极氧化的零件，其表面防护层局部损伤面积不超过 10％时，可不重新处理，但应除锈后涂清漆或喷涂与系统相同颜色的磁漆。

10）抗拉强度 $\sigma_b < 1\,050$ MPa 的钢制零件，镀覆后可不进行除氢工序。对在内部压力下工作的零件及冷作硬化的钢件，镀覆后仍需进行除氢工序。

11）图样或工艺文件允许无镀层的表面（包括内腔、盲孔及非镀表面），镀层检查合格后，必须涂油防锈。

12）抗拉强度 $\sigma_b \geq 1\,300$ MPa 的钢制零件，经酸性溶液退镀后，应按有关技术标准或专用生产说明书的规定进行除氢处理。

（2）镀铬。硬铬层为稍带浅蓝色的亮灰色，乳白铬层为无光泽的灰白色，装饰铬层为光亮的镜面般的银白色。铬镀层具有较高的硬度，耐磨、耐热性好，摩擦系数小，不易与塑料、橡胶黏结，在航空修理中广泛采用镀铬方法对 45 号中碳钢和 30CrMnSiA、30CrMnSiNi2A、40CrMnSiMoVA 结构钢零件修复尺寸。

图样中没有镀铬规定的零件，需要镀铬修复尺寸时，铬层单面厚度按下列规定执行：

1）圆柱形（如螺栓类）零件，直径 $d \leqslant 5$ mm 的不予镀铬；直径 $d=5 \sim 10$ mm 的铬层厚度 $\delta \leqslant 0.10$ mm；直径 $d=10 \sim 20$ mm 的铬层厚度 $\delta \leqslant 0.15$ mm；直径 $d \geqslant 20$ mm 的铬层厚度 $\delta \leqslant 0.20$ mm。

2）作动筒的活塞杆，铬层厚度 $\delta \leqslant 0.20$ mm。

3）壁厚 $\delta > 1.5$ mm 的管状零件，铬层厚度 $\delta \leqslant 0.15$ mm。

4）军械零件，铬层厚度 $\delta \leqslant 0.10$ mm。

5）40CrMnSiMoVA 钢制零件受摩擦表面的铬层厚度 $\delta=0.04 \sim 0.08$ mm；当受摩擦表面涂油工作时，铬层厚度 $\delta=0.015 \sim 0.025$ mm。

6）30CrMnSiNi2A 和 40CrMnSiMoVA 钢制零件只允许沿光面镀铬，过渡区不允许镀铬。螺栓类圆柱零件的铬镀层应离开过渡半径 $2 \sim 6$ mm；其他零件的铬镀层应离开过渡半径 $3 \sim 5$ mm。图样有规定时应按图样规定执行。

7）30CrMnSiNi2A 和 40CrMnSiMoVA 钢制零件，镀铬次数不超过 5 次（包括制造厂、外场、修理厂的镀铬总次数）。每次镀铬后，应在非受力部位打个"×"标记，其深度不超过 1 mm。当无法确定镀铬次数时，一律按已做两次镀铬计算，并刻打"××"标记（特殊机，镀铬次数不超过 2 次）。

8）30CrMnSiNi2A 和 40CrMnSiMoVA 钢制零件，每返修一次，在退铬前或退铬后，必须按"除氢条件"的规定进行除氢处理后，才能重新镀铬。

9）30CrMnSiNi2A 和 40CrMnSiMoVA 钢制零件，经镀前磨削或铬层磨削后，在温度为 180 ℃ ～ 200 ℃ 空气炉中，消除应力处理时间 $t \geqslant 4$ h。

10）镀铬零件的尖角部位应倒圆，$R \geqslant 0.5$ mm。

11）尺寸镀铬零件，镀前圆柱度和圆度不超过其公差的 2/3；表面粗糙度 Ra 值应符合图样规定。

12）加厚镀铬零件，镀前表面粗糙度 Ra 值可比图样规定值大一级，但 Ra 值应为 0.8 μm；有气密要求的零件，Ra 值应为 0.32 μm。经镀后磨削，表面粗糙度 Ra 值应符合图样规定，铬镀层不允许划伤、砂眼、龟裂、起泡、剥皮、脱落。图样有特殊要求的按图样规定执行。

13）螺栓零件镀铬，距六角头根部 $1 \sim 2$ mm 内不允许镀铬。

14）活塞杆与活塞头连接处 3 mm 内铬层尺寸允许不检查。

15）使用过的旧铬层，表面粗糙度较好，尺寸能满足装配要求，经检查符合质量标准，抛光后可继续使用。

16）镀铬零件的深凹处、内角上、深孔和槽缝内允许无铬层，焊缝处允许铬层发暗或无铬层。

17）受冲击振动较强的零件，不允许镀铬。

（3）镀锌和镀镉。

1）30CrMnSiNi2A 和 40CrMnSiMoVA 钢制零件，不允许镀锌或镀镉。

2）抗拉强度 $\sigma_b > 1375$ MPa 或经等温淬火后抗拉强度 $\sigma_b > 1470$ MPa 的钢制零件，直径 $d \geqslant 10$ mm 的 30CrMnSiA 螺栓及弹簧件，不允许镀锌。

3）凡与液压油、燃油和钛合金接触的零件，不允许镀镉。

4）要求导电、导磁、焊接的零件，镀锌、镀镉后不宜钝化；在过氧化氢介质中工作的锌镀层不应钝化。

5）进厂飞机 30CrMnSiNi2A 零件已镀锌或镀镉时，应换新或彻底退除锌层或镉层后，在温度为 180 ℃～200 ℃ 的空气炉中，消除应力处理时间 $t \geqslant 23$ h，经探伤合格后，进行磷化或喷漆处理。

6）图样要求镀锌或镀镉的燃油、液压附件内部的零件，一律按化学氧化进行表面处理。

7）图样规定"镀锌或镀镉"的零件，一律按镀锌钝化进行表面处理。图样规定镀锌的弹簧钢零件和具有渗碳表面的零件，直径 $d \geqslant 10$ mm 的 30CrMnSiA 螺栓，一级精度或封严的螺纹连接件，一律按镀镉钝化进行表面处理，但钢丝直径 $d < 1$ mm 的弹簧零件镀镉返修不超过 2 次。

8）过渡配合的螺纹：螺距小于 0.8 mm 时，镉（或锌）镀层厚度为 3～5 μm；螺距为 0.8～1.5 mm 时，镉（或锌）镀层厚度为 5～8 μm；螺距大于 1.5 mm 时，镉（或锌）镀层厚度为 8～12 μm。

9）过盈配合的螺纹：AG 螺纹，镉镀层厚度为 5～8 μm；CG 螺纹，镉镀层厚度为 3～5 μm。

10）原镀锌、镀镉钝化层完好无锈时（允许发灰），可不重新镀锌、镀镉继续使用。

11）直径或宽度小于或等于 10 mm 的盲孔（或通孔）及槽缝，其深度大于或等于直径或宽度的一倍（或二倍）时，允许无镀层。

（4）化学氧化和磷化。30CrMnSiNi2A 和 40CrMnSiMoVA 钢制零件，应采用磷化或喷漆作为防护层，原则上不进行化学氧化。零件原表面的化学氧化膜层或磷化膜层无锈蚀时，允许继续使用。其中螺栓零件在温度为 180 ℃～200 ℃ 的空气炉（或油槽）中，消除应力处理时间 $t \geqslant 4$ h，涂防锈油使用。

1）用锡和铅锡合金焊料的组合件，与镀锌、铝合金、钨接点零件配合的组合件，与锌、铝、塑料、橡胶、皮革等零件组成的组合件，不允许进行化学氧化。

2）薄（或细）的弹性零件，与铝合金接触的组合件，要求保持原表面粗糙度和精密尺寸的零件，不宜磷化。不允许涂油的固定件，不宜化学氧化。

3）为保证磷化质量，应采取吹砂磷化。吹砂至磷化的间隔时间不超过 6 h。

4）磷化后需要喷漆的零件，磷化后不涂油，及时转喷漆，磷化至喷漆的间隔时间不超过 24 h。

5）除需要喷漆零件外，化学氧化和磷化膜层经检验合格后，应及时涂（浸）防锈油。

6）40CrMnSiMoVA 钢制零件，经磷化后应在温度为（130±10）℃ 的空气炉（或油槽）中除氢处理时间 $t \geqslant 3$ h。不需要涂漆的零件应及时进行涂油（或浸油）。

7）抗拉强度 $\sigma_b \geqslant 1\ 300$ MPa 的钢制零件，化学氧化后在温度为 180 ℃～200 ℃ 的油槽中消除脆性处理时间 $t \geqslant 3$ h。

8）40CrMnSiMoVA 钢制零件，不合格磷化膜可采用吹砂方法退除，禁止用任何酸液退除磷化膜。

9）深孔零件经化学氧化后，内腔允许有牢固的氧化皮存在。

（5）镁铝合金件的修理要求。图样要求硬质阳极化的铝合金零件，无论图样有无规定，螺纹部位不允许进行硬质阳极氧化。与钢铁零件配合的螺纹，应进行普通阳极氧化；与铝合金零件配合的螺纹，不进行普通阳极氧化。

1）镁铝合金件表面疏松呈虫蚀、压坑或呈线条状腐蚀时，在保证强度和安装要求的情况下应将腐蚀层彻底清除，然后重新进行表面处理或采取封闭性处理；未分解的镁铝合金件外露表面腐蚀时，在确保强度要求的情况下，清除腐蚀层后允许局部氧化或采取其他可靠的防护措施。镁铝合金件必须仔细检查，严重腐蚀不能保证强度和使用要求的应更换。铝镁合金件有较深腐蚀孔者允许将孔内腐蚀物刮除干净，经氧化处理后用环氧树脂封闭，等干燥后打磨平齐，再做喷漆处理。

2）失去氧化层的镁铝合金件必须在48 h内进行氧化处理。

3）镁铝合金件与钢、铝制件结合装配时，钢件应镀锌或喷漆，铝件应进行阳极氧化。

4）镁铝合金件禁止与银、铜、镉或铬金属零件直接接触，若必须接触，则应将其金属表面镀锌。

5）镁铝合金件的孔内不允许涂油脂。

【技能训练四】

研磨修理

用有机溶剂清洗所有零件。目视用5～15倍放大镜检查产品零件有无裂纹、腐蚀、变形、划伤，检查表面处理层、螺纹损伤情况。所有分解的零件表面处理层脱落总面积超过5%时，按照零件明细表的表面处理要求进行表面处理，零（组）件镀覆前，应无油污、金属屑、漆胶层、荧光粉、氧化皮、锈蚀、砂眼、压坑、裂纹、变形及其他机械损伤，允许存在轻微划伤。其具体工作任务见工作手册4。

项目五　飞机部附件的装配

【学习目标】

【知识目标】

（1）熟悉飞机部附件配套工艺流程；

（2）熟悉飞机部附件装配的一些基本方法和要求；

（3）掌握飞机部附件装配过程中的一些注意事项。

【能力目标】

（1）能够对飞机部附件进行配套；

（2）能够对飞机部附件进行装配；

（3）能够在装配附件时正确涂油；

（4）能够正确安装密封圈；

（5）能够对附件进行保险。

航修焊接专家
孙红梅——一颗
匠心护"战鹰"

【素质目标】

养成自主学习能力及团结协作，注重工程质量意识、工作规范意识与安全规范意识，培养劳保精神和责任担当、敬重装备的机务工匠精神。

【任务描述】

● 阅读任务，在工作手册中完成任务

飞机部附件的装配是飞机部附件修理至关重要的一步，装配质量的好坏直接关系到附件修理的质量。在飞机部附件的装配中应防止产生错装、漏装等问题，所以要对飞机部附件先配套，然后进行装配。本任务是按照飞机部附件装配的方法、要求和注意事项等对刹车调压器进行装配。

【知识链接】

一、配套

飞机部附件的配套，其实质就是按照飞机部附件的零件明细表及标准要求配齐所有合格零件。要做好配套工作，除必须会看零件明细表外，还必须能识别各零件、会测量零件的尺寸，并能根据尺寸计算配合间隙、会正确填写必换件及换件记录等。

1. 认识零件明细表

飞机部附件的零件明细表是根据附件的装配图或分解立体图按图位号的顺序依次列出

各零件的名称、数量、材料、表面处理和消耗系数等内容的一个表格。其中，消耗系数是指零件在修理过程中的换件概率。表 5-1 是图 5-1 所对应的刹车分配器的零件明细表。零件明细表是飞机部附件修理工艺规程中的一个非常重要的表格，是查找各零件相关信息的一个表格，每个零件在零件明细表中能够查找到它的名称、图号、零件在附件中的数量、零件的材料，以及零件的表面处理情况。

表 5-1 刹车分配器零件明细表

序号	图位号	名称	数量	材料	表面处理	消耗系数
1	1	弹簧装置	1	组合件		0.3
2	2	轴	1	标准件		0.1
3	3	操纵杆组件	1	组合件		0.1
4	3-1	螺栓	2	30CrMnSiA	镀锌	0.2
5	3-2	螺母	2	标准件		0.3
6	3-3	衬套	1	HPb59-1	钝化	0.2
7	3-4	操纵杆	1	ZL-101		0.5
8	3-5	衬套	2	HPb59-1	阳极化	0.1
9	4	摇臂	1	45	钝化	0.5
10	5	轴	1	标准件	镀锌	0.1
11	6	螺母	4	标准件		0.2
12	7	弹簧垫圈	4	标准件		1
13	8	盖	1	ZL-501		0.1
14	9	紧压帽	2	45	铬酸阳极化	0.1
15	10	橡胶套	2	橡胶1153	镀铬、镀锌	1
16	11	装配活门	2	组合件		0.2
17	12	螺栓	2	45		0.3
18	13	壳体	1	ZL-101	镀锌	0.2
19	14	垫圈	2	标准件	铬酸阳极化	1
20	15	接管头	2	45	镀锌	0.3
21	16	活门	2	装配件		
22	16-1	活门	2	HPb59-1	钝化	0.3
23	17	弹簧	2	Ⅱa	镀镉	0.5
24	18	垫圈	2	标准件		1

序号	图位号	名称	数量	材料	表面处理	消耗系数
25	19	螺塞	1	45	镀锌	0.5
26	20	管接头	1	45	镀锌	0.3
27	21	螺栓	2	45	镀锌	0.3
28	22	开口销	2	标准件		1
29	23	垫圈	2	标准件		1

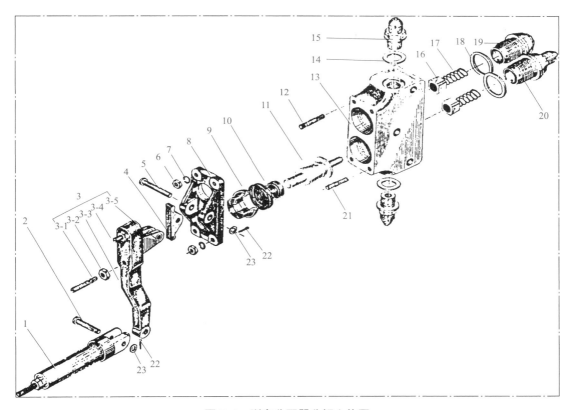

图 5-1　刹车分配器分解立体图

2. 零件尺寸的计算

要做好零件的检查、修理和配套工作，必须会根据配合零件的尺寸计算零件之间的配合间隙，或者根据配合间隙要求和相关零件的尺寸计算配合零件的尺寸。

（1）配合间隙的计算。配合间隙是指孔的尺寸减去相配合的轴的尺寸之差。当孔为最大极限尺寸而轴为最小极限尺寸时，装配后的孔、轴为最松的配合状态称之为最大配合间隙；当孔为最小极限尺寸而轴为最大极限尺寸时，装配后的孔、轴为最紧的配合状态称之为最小配合间隙。

【例 5-1】　已知孔的尺寸为 $\phi 30^{+0.024}_{0}$、轴的尺寸为 $\phi 30^{-0.012}_{-0.036}$，计算孔与轴的配合间隙。

解：最小配合间隙 $X_{\min} = (30+0) - (30-0.012) = 0.012$

最大配合间隙 $X_{\max} = (30+0.024) - (30-0.036) = 0.060$

（2）零件尺寸的计算。飞机部附件修理时，配合零件的修理尺寸有时需根据配合间隙要求和已知零件的尺寸来进行计算。

【例 5-2】 已知轴的尺寸为 $\phi 29.980$、孔与轴的配合间隙为 $0.012 \sim 0.060$，计算孔的修理尺寸。

解：假设孔的修理尺寸为 $\phi 30_x^y$，则有

最小配合间隙 $X_{min} =（30+x）-29.980=0.012$

最大配合间隙 $X_{max} =（30+y）-29.980=0.060$

由此可计算出 $x=-0.008$，$y=0.040$

所以孔的修理尺寸为 $\phi 30_{-0.008}^{+0.040}$。

3．必换件和换件

在飞机部附件修理时，有一些零件是不做损伤检查而直接进行更换，如一般的橡胶密封件等，这类零件就称为必换件。而对于不是必换件的零件如果进行更换，则常称为换件。无论是必换件还是换件，在进行更换时，都必须做好详细记录，方便事后查找零件的去向。

4．配齐零件

对有配合间隙的零件进行测量，选配尺寸符合要求的配合件，按照零件明细表配齐所有零件。

■ 二、涂油

飞机部附件在装配时应按规定进行涂油，如无规定，则可按下列要求涂油脂：

（1）在液压附件中，有密封装置的螺纹连接处，不允许涂 ZA10-5 密封润滑脂，可涂少量干净的 8 号润滑油。

（2）液压附件内部及精密配合处涂 YH-12 或 YH-15 液压油（根据产品工作介质选其中一种）。

（3）橡胶圈工作面、一般螺纹连接处、转动轴承、旋转轴、活动交点内涂 2 号润滑脂。

（4）锥形螺纹接管嘴装配前，在螺纹上涂 ZA10-5 密封润滑脂或红丹、石墨混合膏（不允许油膏进入附件内腔）。涂红丹、石墨混合膏的管嘴，试验前应在 80 ℃～100 ℃温度下干燥 2 h（冷气、燃油系统仅需干燥 1 h）。

（5）冷气系统的橡胶件不允许涂油，必须涂油时应做专门说明。

■ 三、密封件的检查与安装

1．附件密封装置

附件密封装置是保证附件具有良好工作性能的重要条件之一，而附件密封装置能否发挥其密封作用，则与密封装置的选用和装配有密切的关系。

（1）对附件密封装置的要求。对附件密封装置的基本要求是严密、可靠、耐用（耐油、耐高温、抗老化），有足够的强度和弹性，结构紧凑简单、维修方便、互换性好。

（2）密封。根据密封面在工作时有无相对运动这一情况可以把密封分为静密封和动密封两大类。

1）静密封：相对静止的密封面间的密封。这种密封所采用的密封件有非金属垫片（石

棉、皮革、天然橡胶、合成橡胶、合成树脂等）和金属垫片（紫铜、软钢、铝、铅、不锈钢等）。

2）动密封：相对运动的密封面间的密封。这种密封又可根据密封面间的接触情况分为接触式密封和非接触式密封。

飞机部附件动密封中的密封面属于接触式密封类型，用作接触式密封的材料主要是橡胶和合成树脂等。在接触密封中，自封型密封应用最广。

（3）密封装置。

1）静密封装置：静密封装置多数采用密封垫片形式进行密封。垫片种类有牛皮垫、纸垫、橡胶垫、夹布橡胶垫、橡胶石棉垫、金属平垫和金属齿形垫等。这种密封依靠密封面接合时的挤压作用使密封材料产生变形而达到密封目的。

2）动密封装置：动密封装置又可根据密封面做相对运动的特点分为移动部分的密封装置和转动部分的密封装置。

①移动部分的密封装置：移动部分的密封装置位于密封面间有相对直线运动的附件内，航空用密封件的材料主要是橡胶、聚四氟乙烯塑料（合成树脂）和石墨。

②转动部分的密封装置：转动部分的密封装置为了适应旋转这一特点，要求密封件对旋转轴应具有一定的箍紧力，密封接触面的宽度要窄，唇口有较大的回弹能力。

转动部分的密封装置结构形式主要有三种，如图5-2所示。密封装置中的金属骨架是用来增强密封圈的刚性，它可以胶接在橡胶密封圈的内侧［图5-2（a）］，也可以胶接在橡胶密封圈的外侧［图5-2（b）］，而大多数是置于橡胶圈中间［图5-2（c）］。

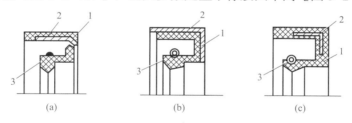

图 5-2　转动部分的密封装置结构
（a）金属骨架在内侧；（b）金属骨架在外侧；（c）金属骨架在中间
1—橡胶密封圈；2—金属骨架；3—卡紧弹簧

（4）密封材料类型。

1）橡胶材料。

①丁腈橡胶：我国航空附件流体密封中，有80%以上采用丁腈橡胶。这种橡胶的使用温度为 −50 ℃ ～ +120 ℃，耐油，耐磨，抗老化性能良好。因此，其被广泛地用于液压、冷气系统附件中。

如果将丁腈橡胶与尼龙并用，则可进一步提高其使用寿命。

②氟橡胶：这种橡胶的突出性能是耐高温（300 ℃下可工作）、耐油。在现代高速飞机中的滑油、燃料系统中广泛应用。

2）聚四氟乙烯塑料。橡胶材料做动密封件时，其摩擦力，特别是启动时的摩擦力很大。为了克服这一缺点，目前，多采用聚四氟乙烯与橡胶并用的方法。

聚四氟乙烯有塑料王之称。由于它具有耐腐蚀、耐油、耐溶剂、抗老化、耐高温（260 ℃）等优点，所以被广泛应用。但因为它耐磨性、弹性都差，所以，一般它都与橡胶并用。

3）石墨材料。石墨是机械密封中比较理想的材料之一，它具有耐腐蚀、耐热（最高温度可达 1 000 ℃）、可加工和良好的润滑性及摩擦系数小等优点。目前，在国内外航空附件机械密封中，这种材料得到了较广泛的应用。

（5）密封件的类型。

1）O 形密封圈。O 形密封圈是指断面形状为圆形的橡胶圈。其结构形式如图 5-3 所示。这种密封圈属于压紧型密封件的一种，可以用于静密封、往复运动密封。

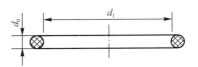

图 5-3　O 形密封圈结构形式

O 形密封圈是安装在密封沟槽中使用的，在微压或无压情况下，靠预压缩后所产生的回弹力给予接触面一定的压力，以达到密封目的，如图 5-4（a）所示。当液体压力增高时，在液压作用下，O 形密封圈被挤向沟槽的另一侧，使其变形增大、接触面加宽，堵塞液体泄漏通道，起到密封作用。此时，接触面的压力分布如图 5-4（b）所示。

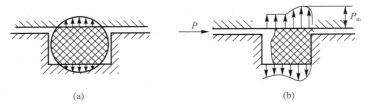

(a)　　　　　　　　　　(b)

图 5-4　O 形密封圈接触面的压力分布

（a）密封；（b）压力分布

当液体压力较大时，O 形密封圈会被挤入低压侧间隙（图 5-5）。压力越大，被挤入间隙的现象越严重，结果就会造成密封圈损坏，降低密封作用，甚至会酿成事故。因此，在装配密封圈时，一定要注意密封沟槽与工作面之间保持适当的间隙（表 5-2）。

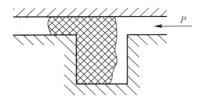

图 5-5　O 形密封圈被挤入间隙

表 5-2　密封沟槽与工作面之间的间隙值（单边）　　　　mm

密封圈硬度（邵氏）	密封圈截面直径 d	压力 /MPa						
		0	2.5	6.3	10	16	20	32
70	1.9～2.4	0.18	0.15	0.09	0.06			
	3.1～3.5	0.21	0.17	0.10	0.07			
	5.7	0.25	0.20	0.12	0.08			
	8.6	0.25	0.25	0.15	0.10			
80	1.9～2.4	0.20	0.18	0.12	0.09	0.07	0.05	
	3.1～3.5	0.22	0.21	0.14	0.11	0.08	0.07	
	5.7	0.25	0.25	0.18	0.12	0.10	0.08	
	8.6	0.25	0.25	0.22	0.16	0.122	0.10	

密封圈硬度（邵氏）	密封圈截面直径 d	压力 /MPa						
		0	2.5	6.3	10	16	20	32
90	1.9～2.4	0.25	0.22	0.15	0.11	0.08	0.07	0.05
	3.1～3.5	0.25	0.25	0.18	0.13	0.10	0.08	0.07
	5.7	0.25	0.25	0.25	0.16	0.12	0.10	0.08
	8.6	0.25	0.25	0.25	0.18	0.14	0.12	0.10

由于 O 形密封圈是压紧型密封件，因此，在将它装入沟槽时必须考虑有一个适当的预压缩量，如图 5-6 所示。其预压缩量的大小可用下式表示：

$$W = \frac{d_0 - h}{d_0} \times 100\%$$

如果选取的预压缩量过小，则密封性差；反之，易使胶圈在沟槽中扭转，加剧橡胶圈磨损。

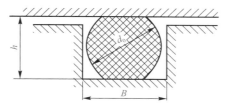

图 5-6　O 形密封圈的预压缩量

沟槽的宽度 B 值，用于固定密封，一般为 O 形密封圈断面直径的 1.3～1.35 倍；用于往复运动密封，一般为 O 形密封圈断面直径的 1.05～1.1 倍。为了减小摩擦力，延长密封圈的使用寿命，对于被密封的零件表面粗糙度应有要求：规定静密封零件表面粗糙度为 $Ra3.2 \sim Ra1.6$，动密封零件表面粗糙度值为 $Ra0.2 \sim Ra0.1$。

2）方形密封圈。方形密封圈类似 O 形密封圈。其特点是与密封面的接触面积大，密封性高，但是它的尖角部分易被挤入间隙，增大摩擦力，加速磨损。

3）V 形密封圈。V 形密封圈是典型的唇口形密封圈。这种密封圈的最大特点是有显著的自紧作用，如图 5-7 所示。

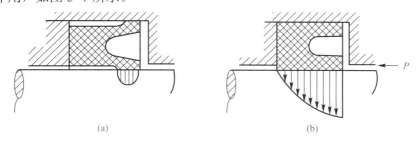

图 5-7　V 形密封圈的自紧作用

（a）$P = 0$；　（b）$P > 0$

由于这种密封形式的耐压性较好，所以其适用于高压、大直径零件的密封。为了提高密封圈在高压作用下的抗过度变形能力，这种密封圈往往与压圈和支承圈组合在一起使用（图5-8）。

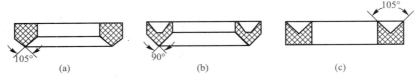

图5-8　V形密封圈的组合装置

（a）支承圈；（b）密封圈；（c）压圈

4）X形密封圈（图5-9）。X形密封圈相当于两个O形密封圈的叠加，位置稳定，无滚动扭曲，摩擦阻力小，只要很小的压缩量就能达到良好的密封效果，又由于这种密封圈的凹部能储油，起润滑作用，因此适用于旋转轴的密封。

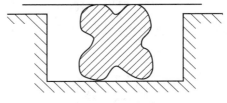

图5-9　X形密封圈

2．橡胶件的老化

橡胶是一种有机高分子弹性化合物。橡胶在一定的温度范围内（−50 ℃～ +150 ℃）具有良好的弹性、柔性、易变性和复原性。另外，它还具有不透水、不透气、绝缘等性能。

橡胶件的老化是指橡胶件在使用和贮存过程中其性能发生变化，出现变色、发黏、变硬、发脆及龟裂等现象。

橡胶老化主要是由于空气中的氧、臭氧及光、热、辐射、机械应力、扭曲等引起的。其中，以氧和臭氧的作用最大，它能使橡胶分子氧化断裂，破坏橡胶分子的正常结构。不同类型橡胶的老化现象是不同的。如天然橡胶老化以后，发黏现象多，而合成橡胶中的丁苯、丁腈橡胶老化以后主要表现是硬度增加。

加速橡胶老化反应的因素有热、光（主要是紫外线）、机械应力等。一般来说，温度每升高10 ℃，氧化速度增加1倍左右。当温度高达120 ℃以上时，其氧化速度已相当快，橡胶件可能在几个月甚至几天内便失去弹性。光对橡胶的老化作用更为严重，氧对橡胶的老化作用一般表现为橡胶表面裂口或表面起霜。所谓起霜，就是橡胶表面产生了极为细小而且不定向的裂纹，这样便破坏了橡胶表面的原有光泽。

3．橡胶圈的装配要求

装配橡胶圈时，要防止橡胶圈产生扭转、撕裂、剪断或倾斜等现象。

安装密封橡胶圈时必须保持紧度，固定密封胶圈内径上的紧度不小于0.4 mm；活动密封圈安装后应符合图5-10和表5-3的要求。

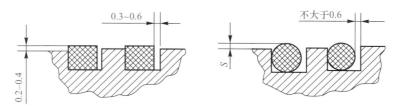

图 5-10　活动密封圈装配后的间隙

表 5-3　橡胶圈的凸出量

橡胶圈内径 D/mm	凸出高度 S/mm
< 33.6	0.2 ～ 0.4
33.4 ～ 57.4	0.4 ～ 0.6
> 59	0.5 ～ 0.7

■ 四、轴承的检查与安装

1. 轴承的清洗与检查

（1）轴承的清洗。新买的轴承上，绝大多数涂有油脂。这些油脂主要用于防止轴承生锈，并不起润滑作用，因此，必须经过彻底清洗才能安装使用。清洗的方法：凡用防锈油封存的轴承，可用汽油或煤油清洗。凡用厚油和防锈油脂（如工业用凡士林）防锈的轴承，可先用 10 号机油或变压器油加热溶解清洗（油温不得超过 100 ℃），把轴承浸入油中，等防锈油脂熔化取出冷却后，再用汽油或煤油清洗。凡用气相剂、防锈水和其他水溶性防锈材料防锈的轴承，可用皂类基清洗剂清洗。用汽油或煤油清洗时，应一手捏住轴承内圈，另一手慢慢转动外圈，直至轴承的滚动体、滚道、保持架上的油污完全洗掉，再清洗净轴承外圈的表面。清洗时还应注意，开始时宜缓慢转动，往复摇晃，不得过分用力旋转；否则，轴承的滚道和滚动体易被附着的污物损伤。

（2）轴承的运动灵活性检查。轴承的运动灵活性一般采用快速转动听声音和缓慢转动看感觉两种方法相结合来进行检查。快速转动时不应当听到异常声响，缓慢转动时手指不能感觉到轴承有卡滞现象。

2. 轴承的安装

轴承的安装必须在干燥、清洁的环境条件下进行。安装前，应仔细检查轴和外壳的配合表面、凸肩的端面、沟槽和连接表面的质量。所有配合连接表面必须仔细清洗并除去毛刺，铸件未加工表面必须除净型砂。

轴承安装前应清洗干净，等干燥后使用，并保证良好润滑，轴承一般采用脂润滑，也可采用油润滑。采用脂润滑时，应选用无杂质、抗氧化、防锈、极压等性能优越的润滑脂。润滑脂填充量为轴承及轴承箱容积的 30% ～ 60%，不宜过多。

轴承安装时，应确保轴与轴承或轴承与壳体的同心度符合规定。安装时必须在轴承端面的圆周上施加均等的压力，最好采用压力机将轴承压入，不得采用榔头等工具直接敲击轴承端面，以免损伤轴承。装配轴承时，应保证外圈端面与外壳台肩端面，内圈端面与轴台肩端面压紧，不允许有间隙。

　　轴承安装时，应保证轴与轴承内圈、附件壳体与轴承外圈的装配间隙符合图纸规定，对于安装完毕的轴承，必须检查轴承间隙应符合有关规定，有可调轴向游隙的轴承，还必须调整该游隙至规定值。

■ 五、飞机部附件的保险

　　附件装配过程中必须严格按照规定打好内外保险。常用的保险方法及要求如下。

1. 保险丝保险

　　常用的保险丝有五种，即 Zd-d0.5、Zd-d0.8、Zd-d1、Zd-d1.2、Zd-d2。

　　保险时应注意以下要求：

　　（1）保险丝按图 5-11 所示以 60°左右的夹角编结，保证均匀适度。

　　（2）拉紧方向应使螺母没有松脱的可能，拉紧角度不小于 30°，拉紧时用手摇动保险丝无松弛感觉。

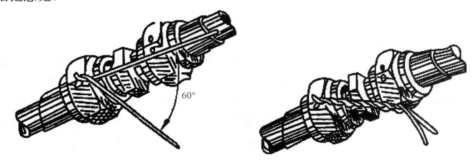

60°

图 5-11　保险丝的编结

2. 开口销保险

　　花螺母打开口销保险，当螺母拧到规定紧度后，首先应检查螺栓上的开口销孔和螺母缺口是否对正，如图 5-12 所示，如果开口销孔不对正，应用更换螺母的方法使孔对正，也允许加垫片进行调整，但垫圈最小厚度不得小于 0.5 mm；或距原开口销孔大于 45°的位置上重新钻孔。保险时尽量采用横保险，这时开口销的两股应分别弯入花螺母的槽内，如图 5-13 所示，如确因操作位置窄小不便于准确地弯入槽内时，允许采用上下弯曲的纵保险，如图 5-14 所示。

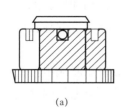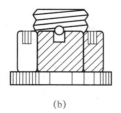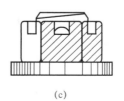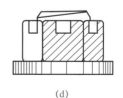

　　　(a)　　　　　　　　　　(b)　　　　　　　　　　(c)　　　　　　　　　　(d)

图 5-12　开口销孔和螺母缺口对正正误对照

（a）对正；（b）太高；（c）太低；（d）偏斜

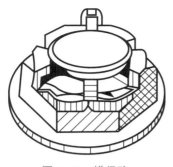
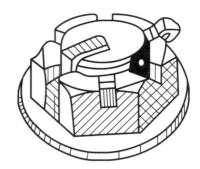

图 5-13　横保险　　　　　　　　图 5-14　纵保险

3. 弹簧垫圈保险

如图 5-15 所示，弹簧垫圈保险一般用来保险受力不大或需要经常拆卸的部位。使用时，在弹簧垫圈下面应放一个平垫圈，防止弹簧垫圈刮伤机件表面。螺母（或螺钉）拧紧后，弹簧垫圈被压平。由于弹簧垫圈的刃口刮住螺母和垫圈的表面，增加了防止螺母（或螺钉）向松脱方向旋转的摩擦力，而起保险作用。使用弹簧垫圈或自锁螺母保险的螺栓，其螺纹必须凸出螺母端面不少于 1.5 扣。弹簧垫圈必须有足够的弹性，因排故取下的弹簧垫圈再次装配时，应检查弹簧垫圈开口处是否错开，错开后总厚度应不小于截面的两个厚度。

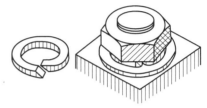

图 5-15　弹簧垫圈保险

4. 自锁螺母保险

常用的自锁螺母有两种：一种是在螺母头部有横向切口，如图 5-16（a）所示；另一种是在螺母头部有纵向切口，如图 5-16（b）、（c）所示。拧紧螺母时，由于螺母切口部分的弹性，可以增加螺纹之间的摩擦力，因而起保险作用。

使用自锁螺母保险的螺栓，其螺纹必须凸出螺母端面不少于 1.5 扣。

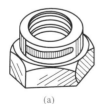
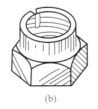
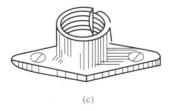

（a）　　　　　　　（b）　　　　　　　（c）

图 5-16　自锁螺母保险

（a）有横向切口；（b）、（c）有纵向切口

5. 双螺母保险

如图 5-17 所示，将保险螺母拧在固定螺母上，使两个螺母互相挤压，螺杆拉伸，可以增大两个螺母之间、螺母和螺杆的螺纹之间的摩擦力，以使螺母不易松动。在拧紧保险螺母时，应用扳手固定住固定螺母，防止固定螺母跟着转动。

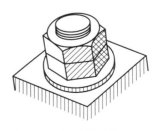

图 5-17　双螺母保险

51

6．保险片保险

保险片保险一般多用于温度变化较剧烈和承受较大冲击振动力的地方。飞机上常用的保险片有单孔和双孔两种。其保险方法如图 5-18 所示。保险时，将保险片的两个角分别贴紧在螺母的两个棱面上，以防止螺母松动。保险片的弯边一定要贴紧螺母和座子的平面，弯角处不允许裂纹，保险片一般只允许使用一次。

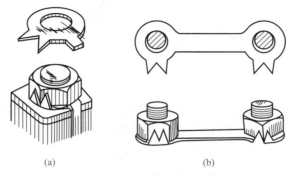

(a)   (b)

图 5-18　保险片保险

（a）单孔保险片；（b）双孔保险片

7．冲点保险

（1）不常拆卸的螺母，可用冲点保险。打冲点的方法有以下两种：

1）侧面打冲法：冲点打在螺栓和螺母的螺纹上，冲子与螺栓呈 45°，如图 5-19 所示。

2）端面打冲法：当螺栓伸出螺母的部分不长时，用端面打冲法。冲子与螺栓纵轴平行，冲点打在螺栓的螺纹上，如图 5-20 所示。

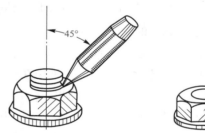

图 5-19　侧面打冲法　　图 5-20　端面打冲法

（2）冲点保险应注意以下几点：

1）采用侧面打冲法时，如果螺栓和螺母的螺纹直径为 4 ～ 8 mm，打冲两点；如果螺栓和螺母的螺纹直径大于 8 mm，则打冲三点。

2）采用端面打冲法时，如果螺栓和螺母的螺纹直径为 4 ～ 8 mm，打冲三点；如果螺栓和螺母的螺纹直径大于 8 mm，则打冲四点。

3）冲点间隔距离大于 60°。

4）埋头螺钉装配完成后，无其他保险装置时，应在螺钉槽两头打冲点保险。冲点中心在螺钉头直径 D 上，冲头 45°，冲点深（1 ～ 1.5）t（螺距）。

8．涂漆保险

管嘴为锥螺纹和使用保险螺母的调整处及未打保险丝保险的螺纹连接处，应用红漆画上标记。在已经使用了保险丝保险的管嘴或螺母处，为防止后续工序装配中管嘴或螺母松动，也允许用红漆画上警示标记，如图 5-21 所示。

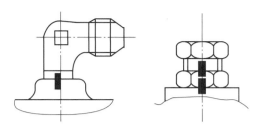

图 5-21 涂漆保险

六、飞机部附件装配注意事项

飞机部附件在装配时，主要应注意以下事项：

（1）装配工作一般应在 15 ℃～25 ℃室温下进行，室温不允许有激烈的变化。

（2）装配工作台附近，严禁锉修、钻孔等金属切削加工，工作间应保持清洁，装配精密附件的工作间应按专门要求执行。

（3）装配有配合要求的零件，安装不上时，不允许强行装配。

（4）装配弹簧保险卡圈时必须检查卡圈不应有变形、伤痕和裂纹。装配后应用划针将卡圈拨到任一限位置，卡圈均不应有大于 1/5 的圆周脱出卡圈槽。

（5）同一品级的软钢纸板制成的钢纸垫，装配前应在温度为 80 ℃～100 ℃的烘箱中干燥 1 h。在液压附件中，软钢纸垫均可用性能较好的硬钢纸板制成的垫圈代替。

（6）使用弹簧垫圈或自锁螺母保险的螺栓，其螺纹必须凸出螺母端面不小于 1.5 扣。

（7）附件装配过程中应打好与性能参数调试无关的所有保险。

（8）除锥形螺纹外，所有螺纹在装配前必须试装，允许螺纹上的镀层有脱落现象。

（9）拧紧螺栓、螺母时，应对称均匀用力。

（10）附件装配后，在外表面需要喷漆时，如果内部有橡胶零件，干燥温度就应不大于 60 ℃，并允许喷硝基漆。

（11）液压系统附件在当天不试验者，内部应灌不少于 80％的红油，试验后不应将油液倒出。所有附件在存放、转移和交接过程中必须装上堵帽，堵帽内部要清洁，并禁止垫垫圈。

（12）装配完成后，应清查现场，防止漏装、错装零件。若发现有疑点，则应重新分解检查。

【技能训练五】

刹车调压器的装配

按工艺规程装配刹车调压器。装配工作台附近严禁锉修、钻孔等金属切削加工，工作间应保持清洁，装配精密附件的工作间应按专门要求执行。所有螺纹在装配前必须试装，允许螺纹上的镀层有脱落现象。每个附件在装配前，零件必须用汽油或酒精清洗干净（橡胶件则必须用酒精清洗），然后用冷气吹干或晾干。清洗配套后，所有零件经检验检查后才可进行装配。其具体工作任务见工作手册 5。

项目六　飞机部附件的调试

【学习目标】

【知识目标】

（1）了解试验设备的功能和工作原理；
（2）熟悉压力和流量等参数测量的方法；
（3）掌握附件密封性试验的方法；
（4）掌握附件强度试验的方法和注意事项；
（5）掌握附件主要性能试验的方法；
（6）掌握飞机部附件试验过程中的一些注意事项。

【能力目标】

（1）能够通过原理图分析试验设备的功能；
（2）能够操纵试验设备对飞机部附件进行试验。

"战机医生"陈卫林
——20 年成就航修大师
工匠精神代代传承

【素质目标】

养成安全生产、文明生产的工作作风，热爱航空维修事业，养成敬仰航空、敬重装备、实事求是、认真负责、遵章守纪的航空维修机务精神。

【任务描述】

● 阅读任务，在工作手册中完成任务

飞机部附件经过修理、装配后，为了检查其密封性和工作性能是否符合要求，必须按有关规定进行试验。由于附件种类繁多，其工作性能要求不一样，所以试验项目、方法和要求也就不同。要对附件进行试验，必须掌握压力、流量等参数的测量方法，熟悉附件的试验项目，了解试验设备的性能和维护要求，掌握附件试验的方法和注意事项等。

【知识链接】

■ 一、试验设备的测量元件

测量元件是试验设备的重要组成部分。其测量的参数包括压力、流量、温度、转速、位移、速度、时间及扭矩等。

1. 压力参数的测量

在工程上，压力是指一定介质垂直作用于单位面积上的力（压强）；而压差是指两个测量压力之间的差值，即压力差。

压力有两种表示方法：一种是以绝对零压力为基准所表示的压力，称为绝对压力；另一种是以当地大气压力为基准所表示的压力，称为相对压力。当相对压力为负值时，工程上称为真空度。

绝对压力、相对压力和真空度之间的相互关系如图 6-1 所示。图中 p_a 为大气压力。

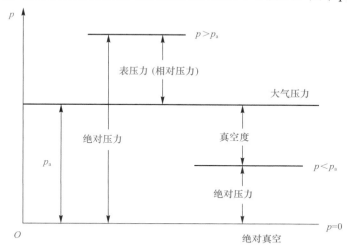

图 6-1　绝对压力、相对压力和真空度之间的相互关系

（1）弹性元件。弹性元件是弹性压力表的测压敏感元件。弹性压力表的测压性能主要取决于元件的弹性特性，它与弹性元件的材料、形状、加工和热处理质量有关，而且对温度敏感性较强。弹性元件材料通常使用合金结构钢，如镍铬结构钢、镍铬钼结构钢等，也有使用碳钢、铜合金和铝合金的，不同的弹性元件所适用的测压范围有所不同。工业上常用的弹性压力表所使用的弹性元件有以下几种：

1）弹簧管。弹簧管是一种常用的弹性测压元件，由于它是由法国人波登发明的，所以又称为波登管。其是一端封闭并且弯成圆弧形的管子，管子的截面为扁圆形或椭圆形。当被测压力从固定端输入后，它的自由端会产生位移，通过位移大小进行测压。

2）波纹管。波纹管的形状类似手风琴的褶皱风箱，用金属薄管制成。当输入压力时，其自由端产生伸缩变形，借以测取压力大小。波纹管的特点是对压力灵敏度很高，位移量大，可以用来测取较低的压力或压差。

3）薄膜。薄膜是用金属薄片或橡皮膜做成膜片，在外力作用下通过膜片的变形位移测取力的大小。薄膜式压力表中膜片又可分为平膜片、波纹膜片和挠性膜片。其中，平膜片可以承受较大被测压力，平膜片变形量较小，灵敏度不高，一般在测量较大的压力而且要求变形不很大时使用；波纹膜片测压灵敏度较高，常用在小量程的压力测量中，为提高灵敏度，得到较大位移量，可以把波纹膜片叠合起来，做成膜盒；挠性膜片一般不单独作为弹性元件使用，而是与线性较好的弹簧相连，起压力隔离作用，主要在较低压力测量时使用。

各种弹性元件的结构和测量范围见表 6-1。

表 6-1　各种弹性元件的结构和测量范围

弹簧管式		波纹管式	薄膜式		
单圈弹簧管	多圈弹簧管	波纹管	平膜片	波纹膜片	挠性膜片
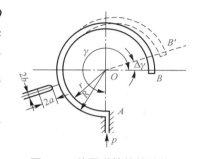					
测量范围： 0～981 MPa	测量范围： 0～98.1 MPa	测量范围： 0～0.981 MPa	测量范围： 0～98.1 MPa	测量范围： 0～0.981 MPa	测量范围： 0～0.981 MPa

（2）弹簧管式压力表。弹簧管式压力表由于结构简单、安装方便、测压直接，在实际生产中应用最为广泛。按弹簧管结构的不同，弹簧管式压力表包括单圈弹簧管压力表和多圈弹簧管压力表两种。

单圈弹簧管的结构如图 6-2 所示。它用断面为扁圆形或椭圆形的空心管子弯成圆弧形，空心管的扁形截面长轴 $2a$ 与图面垂直的弹簧管几何中心轴 O 平行，管的一端 A 为固定端，与被测压力相连；另一端 B 密封，为弹簧管自由端。当 A 端引入压力后，管的扁圆截面有变为圆截面的趋势。由于弹簧管长度一定，将迫使管的弧形角改变而使其自由端 B 随之向外扩张，即由 B 移至 B' 点。弹簧管中心角的变化量为 $\Delta\gamma$，如图 6-2 中的虚线所示。根据弹性变形原理，对于薄壁管弹簧（$h/b<0.7\sim0.8$），中心角的相对变化量 $\Delta\gamma/\gamma$ 与被测压力 p 的关系为

图 6-2　单圈弹簧管的结构

$$\frac{\Delta\gamma}{\gamma}=p\,\frac{1-\mu^2}{E}\,\frac{R^2}{bh}\left(1-\frac{b^2}{a^2}\right)\frac{\alpha}{\beta+k^2}$$

式中　μ，E——弹簧管材料的泊松系数和弹性模数；

　　　　h——弹簧管壁厚；

　　　　a，b——扁形或椭圆形弹簧管截面的长半轴、短半轴；

　　　　k——弹簧管的几何参数，$k=Rh/a^2$；

　　　　α，β——与 a/b 比值有关的系数。

由上面的公式可知，要使弹簧管在被测压力 p 作用下其自由端的相对角位移量 $\Delta\gamma/\gamma$ 与 p 成正比，必须保持由弹簧材料和结构尺寸决定的其余参数不变，而且扁圆管截面的长、短轴差距越大，相对角位移越大，测量的灵敏度越高。在 $b=a$ 时，由于 $1-(b^2/a^2)=0$，相对角位移量 $\Delta\gamma/\gamma=0$，这说明具有均匀壁厚的完全圆形弹簧管不能作为测压元件。

弹簧管式压力表的仪表结构如图 6-3 所示。当被测压力从接头输入弹簧管后，弹簧管产生变形，自由端向外伸张，牵动拉杆带动扇形齿轮逆时针偏转，再通过中心小齿轮带动压力表指针做顺时针转动，与面板上刻度标尺的相对位置可表示出被测压力的数值。另外，仪表中游丝的作用是克服扇形齿轮和中心小齿轮传动间隙所产生的不良影响，调整螺钉用来调整弹簧管位移与扇形齿轮之间的机械传动放大系数，进而调整压力表量程，压力

表的零点可以通过指针与针轴的不同安装位置来加以调整。根据上面的公式得知，由于弹簧管位移大小与被测压力成比例关系，因而弹簧管压力表的刻度是线性的。

弹簧管压力表一般做成指针式仪表。由于弹簧管在压力作用下的位移相对于其他压力敏感元件的位移要小，因而一般都在测量较大压力的场合使用。为增大弹簧管受压变形的位移量，提高测压灵敏度，可采用多圈弹簧管结构，其基本原理与单圈弹簧管相同。

（3）波纹管压力表。波纹管是一种表面有许多同心环状波形皱纹的薄壁圆管。在外部压力作用下，波纹管将产生伸长或缩短的形变。用波纹管组成压力表时，波纹管本身既可以作为弹性测压元件，又可以作为与被测介质隔离的隔离元件。为改变量程，在波纹管内部还可以采用一些辅助弹簧，构成组合式测压装置。

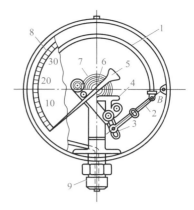

图 6-3 弹簧管式压力表的仪表结构

1—弹簧管；2—拉杆；3—调整螺钉；
4—扇形齿轮；5—指针；6—中心小齿轮；
7—游丝；8—面板；9—接头

波纹管压力表如图 6-4 所示。被测压力 p 引入压力室施压于波纹管底部，波纹管受力产生轴向变形，与内部弹簧压缩变形平衡，弹簧受压变形产生的位移带动推杆轴向移动，经四连杆机构传动和放大，带动记录笔在记录纸上移动，从而记录被测压力的数值。在波纹管变形量允许的情况下，即波纹管不因外施压力过大而产生波纹接触，也不因拉力过大使其波纹变形。波纹管的伸缩量与外施压力是成正比的，所以，记录笔在纸上的移动距离直接反映被测压力的大小。

（4）膜盒式微压表。用两片或两片以上的金属波纹膜组合起来，做成空心膜盒或膜盒组，其在外力作用下变形非常敏感，位移量也较大。因此，用空心膜盒测压元件组成的压力表常用来测量 1 000 mmH$_2$O 以下无腐蚀性气体的微压。膜盒式微压计的结构原理如图 6-5 所示。被测压力 p 引入膜盒后，膜盒产生弹性变形位移，带动空间四连杆机构和曲柄动作，最后带动指针转动，在面板标尺上指示出被测压力的数值。游丝的作用是用来消除传动机构间隙的影响。指针移动大小与膜盒受压的位移和传动机构传动比有关，而传动机构的传动比是铰链、拉杆、曲柄的长度和它们在空间位置的函数，调整这些数值即可调整传动比，进而调整仪表的量程和线性。

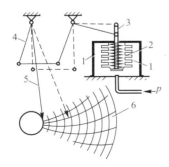

图 6-4 波纹管压力表

1—波纹管；2—弹簧；3—推杆；
4—连杆机构；5—记录笔；6—记录纸

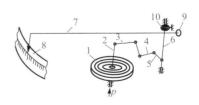

图 6-5 膜盒式微压计

1—膜盒；2—连杆；3—铰链块；4—拉杆；
5—曲柄；6—转轴；7—指针；8—面板；
9—金属平衡片；10—游丝

（5）活塞式压力表。为了保证压力测量值的统一，必须有国家级的压力基准，以此作为压力测量的最高标准。压力基准是用活塞压力表建立起来的，同时，从国家基准到工业生产现场压力仪表的校验、标定传递系统中，作为标准压力计量仪器的活塞式压力表占有重要的地位。

活塞式压力表的结构原理如图6-6所示。压力表校验时，通过手轮对加压泵内的油液加压，根据流体静力学中液体压力传递平衡原理，该外加压力均匀传递到活塞缸内顶起活塞，由于活塞上部是承重盘和砝码，当油液中的压力p产生的活塞上顶力与承重盘和砝码的力相等时，活塞被稳定在某一平衡位置上，这时力平衡关系为

$$pA=G \text{ 或 } p=G/A$$

式中　　A——测量活塞的截面面积；

　　　　G——承重盘和砝码（包括活塞）的总质量；

　　　　p——被测压力。

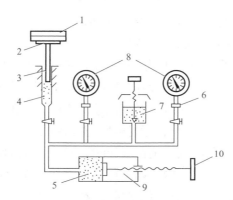

图6-6　活塞式压力表的结构原理

1—砝码；2—承重盘；3—活塞；4—活塞缸；5—变压器油；

6—表接头；7—油杯；8—被校压力表；9—加压泵；10—手轮

一般取$A=1 \text{ cm}^2$或0.1 cm^2，因而可以方便而准确地由平衡时所加砝码的质量和承重盘本身的质量知道被测压力p的数值。通过被校压力表上的压力指示值与这一标准压力值p相比较就可以知道被校压力表的误差大小。活塞缸内的油液一般采用洁净的变压器油或蓖麻油等。

（6）压力表的选择。压力表的种类繁多，在选用时要根据实际使用要求和使用情况，合理地进行种类、型号量程、精度等级的选择。具体选择时主要考虑以下几点：

1）压力表量程。为了使压力表能安全可靠地工作，并保证检测中的线性精度，应使被测压力值在压力表全量程的30%～70%。

2）压力表精度。要根据实际使用的需要合理选择压力表精度，以寻求性能价格比的最佳选择。

3）信号使用。压力检测信号是作为指示用还是作为控制用，是否要求与计算机或其他智能型仪表进行信息通信等，决定了所选用的压力表是无输出的还是标准电流（电压）信号输出，或者是带有计算机通信接口输出的仪表。

4）被测介质性质。要考虑被测介质是液体还是气体。液体要考虑其黏度大小、脏污情况等；气体要考虑温度的高低，是否为腐蚀性气体等。

5）使用环境。使用环境是正常干燥环境还是高温、高湿、易燃易爆或振动环境，这些都关系到压力表种类、型号的选择。

（7）压力表的安装。

1）测压点的选择。测压点的选择主要考虑要使被测压力直接作用于压力表。如测量管段内是流动介质时，应使取压点与流动方向垂直，且使取压点位于管段的直线部位，不得选择在管路拐弯、分叉、死角或其他易形成旋涡的地方。另外，在测取液体压力时，取压点应设置在管道下部，使导压管内不积存气体；在测取气体压力时，取压点应取在管道上方，以使导压管内不积存液体。

2）压力表安装。压力表安装应考虑易观察、易检修，避开高温、振动、易燃易爆环境。要注意避免某些测量介质对仪表的破坏作用。压力波动往往会造成直读式压力表指针的振动。一方面会使读数困难；另一方面由于传动机构来回振摆，易造成压力表中机件的损坏。为此，常在压力表前安装阻尼装置，图 6-7 所示为常见阻尼器示意。

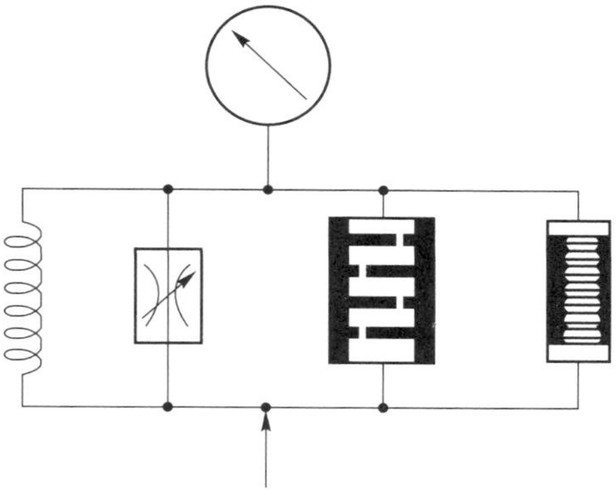

3）导压管敷设。导压管长度一般为 3 ~ 50 m，内径为 6 ~ 10 mm。当被测介质易冷凝或冻结

图 6-7　常见阻尼器示意

时，应加保温伴热管线。在取压口到压力表之间，应靠近取压口装切断阀。对液体测压管道，应在靠近压力表处装排污阀。

2．流量参数的测量

油液的流量是指在单位时间内流过某处（如管道中某截面处、滑阀的节流口处等）的油液的体积、重力、质量。它们分别称为体积流量 Q_V（容积流量）、重力流量 Q_W、质量流量 Q_m。

（1）椭圆齿轮式流量计。图 6-8 所示为椭圆齿轮式流量计的工作原理。它主要由一对密封在壳体内的椭圆齿轮组成。在进、出油口压力差的作用下，推动椭圆齿轮旋转。在图 6-8（a）所示的状态时，齿轮 1 由于油压产生的作用力对其轴而言是平衡的，即推动它的外力矩为零；而在齿轮 2 上，由于 p_1 所产生的力对其轴的力矩比 p_2 所产生的反方向力矩要大，因此在差值力矩作用下，推动齿轮 2 按顺时针方向旋转，从而也就带动齿轮 1 按逆时针方向旋转，此时齿轮 2 为主动轮。然后随着齿轮的转动变为图 6-8（b）所示的状态，旋转过程中作用在齿轮 2 上的外力矩逐渐减小，而齿轮 1 上的外力矩逐渐加大，直到图 6-8（c）所示的状态为止。此时齿轮 1 上的外力矩增到最大，而齿轮 2 上由于油压的平衡而导致外力矩为零，这样就形成与图 6-8（a）完全相反的状态，齿轮 1 变为主动轮。因此，只要有压力差存在，这种状态就会交替发生，这对齿轮也就一直不停地旋转。由图 6-8 可见，随着主动轮的旋转，会将它与壳体之间形成的月牙形封闭腔（Ⅰ、Ⅱ）内的油液由进口输送到出口排出。齿轮每转一圈，它与壳体之间形成两次月牙形封闭腔。故这对齿轮啮合转一圈排出的油液体积等于4倍的月牙形封闭腔体积，这就是它的排量。所以，只要直接测量齿轮轴的转数和转速就可知通过它的油液体积与流量了。

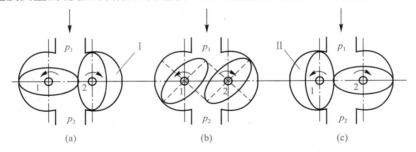

图 6-8　椭圆齿轮式流量计的工作原理

（a）状态 1；（b）状态 2；（c）状态 3

通常，椭圆齿轮式流量计是由其轮轴通过减速器而带动指针和机械计数器，以显示流过它的油液总体积。也可使其轮轴带动测速发电机，以获得与转速成正比的电压信号；还可以带动轻质齿盘等，与光电式或磁电式转速传感器配合获得与转速呈正比的脉冲频率信号。由于椭圆齿轮啮合转动时具有的摩擦、惯性、间隙等因素，决定了它只适合测量稳定的流量。

（2）浮子式流量计。图 6-9 所示为浮子式流量计的工作原理。它主要是由一根垂直放置的锥形管与放在管内的浮子构成的。锥形管大端朝上、小端朝下安装。浮子的最大外径小于锥形管的内径，因此，浮子可在管内沿轴线方向自由移动。其工作原理依据以下节流公式：

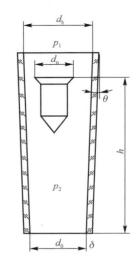

图 6-9　浮子式流量计的工作原理

$$Q = C_d A \sqrt{\frac{2g}{\gamma}} \, \Delta p$$

式中　Q——流量；

C_d——流量系数（对水为 0.61，对油为 0.6～0.7）；

A——节流孔面积（浮子流量计的环形面积）；

g——重力加速度；

Δp——浮子上、下压力差；

γ——油液重度。

当有油液自下而上通过由锥管内径与浮子最大外径之间所形成的缝隙时，浮子的重力和管道缝隙的节流阻力造成浮子上、下的压力差 Δp（$\Delta p = p_2 - p_1$）。此压力差乘以浮子的最大截面面积 A_f，即作用于浮子下面并使它上升的浮力。在此力作用下，浮子上升；同时，它与锥管之间的缝隙面积也随之增大，阻力减小，直到当浮力等于浮子浸在油液中的重力时停止上升，达到平衡位置。

由其工作原理可知，此种流量计属于变截面等压差流量计。由于其结构简单、工作可靠、压力损失恒定，在一般要求的试验中得到较为广泛的应用。它的缺点是对污染较敏感，性能参数受油液种类、黏度、温度等因素影响较大，并且不能应用于高压下和动态流量测量。另外，每台流量计必须单独标定，精度一般为 1.5～2.5 级。

（3）涡轮流量传感器。涡轮流量传感器的结构装配原理如图 6-10 所示。其系统框图如图 6-11 所示。涡轮由导磁材料制成，其表面有几片涡轮叶片，它由轴承支承在导向件上，且处于通油管的中央，使它的轴线与管道轴线一致。当有油液流过时，由于具有一定的流速和动能，因此能推动涡轮旋转。其旋转的速度和方向取决于流速与叶片的倾角方向。一般的涡轮流量传感器只能接受单方向流动的油液，因为流速是与通过它的流量成正比的，只要能测出涡轮的转速就可知流量的大小。传感器的壳体由非导磁材料制成，如铝合金、不锈钢等。其上安装有磁电式转速传感器，它是对准涡轮叶片的，可将涡轮的转速变成近似正弦的电压信号的频率 f。

$$Q=60\,f/\xi$$

式中　Q——流量（L/min）；

　　　f——传感器输出信号的频率（Hz）；

　　　ξ——仪表常数。

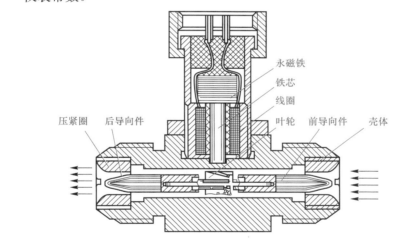

图 6-10　涡轮流量传感器的结构装配原理

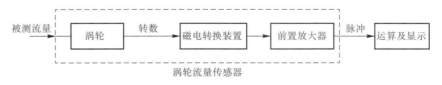

图 6-11　涡轮流量传感器的系统框图

所谓仪表常数，就是当通过传感器 1 L 油液时，对应输出多少个电压脉冲数。每只传感器出厂前，都要在常温下用水单独进行标定，并将检测出的仪表常数附在说明书上。

由涡轮流量传感器的工作原理可知，利用这种传感器还可以测量流过传感器油液的总体积

$$V=N/\xi\ （\text{L}）$$

式中　N——传感器输出的脉冲数。

在实际使用中，为了保证测量的准确性，应尽量在靠近量程上限范围内使用。另外，还应注意传感器进、出口管道的安装，要求前、后均有一段平直管道。上游管道平直段的长度为（10～20）d，下游为5d（d为管道内径）。在出口要求有一定的背压，以防止气穴产生。

此种流量传感器具有体积小、质量小、使用方便等优点，在测量低黏度、大流量油液时精度好，也具有一定的动态响应。但它一般只用于测量稳定流量。它的缺点是仪表常数标定不方便，且随介质种类和油温而变。其量程范围较窄，一般为10：1。

（4）流量计的校验。流量计出厂前和使用一段时间后都要做流量校验。流量校验涉及校验方法和校验装置。

1）校验方法。流量校验有直接测量法、间接测量法和综合测量法三种。

①将被测量与同种类的标准量进行比较的测量方法叫作直接测量法。即仪表在流量标准装置上进行校验，装置上有流量标准（标准量）可以进行比较，也称实际流量校验法。

②通过对与被测量有函数关系的其他量进行测量而得到被测量的方法称为间接测量法。间接测量法精度较低。间接测量法也称干校验法。

③难以用直接测量法或间接测量法测量的流量，采用相似模型模拟实际流量校验，然后用相似原理推算的方法称为综合测量法。

2）校验装置。直接校验法需要建立一个校验装置，用来确定仪表的特性。流量校验装置是指满足影响流量计的流体流动特性、流体性质与工作状态特性试验的设备。流量校验装置也称流量标准装置。流量校验装置按试验介质种类分为水流量标准装置、气体标准装置和标准表三种。

①水流量标准装置。用水作为校验介质的流量标准装置称为水流量标准装置，国内外使用的最广泛的水流量标准装置为稳定压源的静态校验法水流量标准装置。图6-12所示为静态容积法水流量标准装置系统。这种装置凭借高位水塔或稳压容器获得稳定压源，用换向器切换流体流动方向，以便在某时间间隔内流经管道横截面的流体从流动中分割出来流入计量容器，由此得到标准体积流量（或质量流量）的量值。

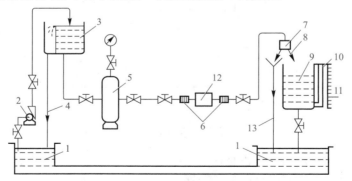

图6-12 静态容积法水流量标准装置系统

1—水池；2—水泵；3—高位水塔；4—溢流管；5—稳压容器；

6—活动管接头；7—换向器；8—切换挡板；9—标准容积计量器；

10—液位标尺；11—游标；12—被校流量计；13—旁通管

系统开始工作时，先用水泵向高位水塔上水，高位水塔内装有溢流槽，当水塔内液面上升到高于溢流槽高度时，高出溢流槽的一部分水从溢流槽溢出，并通过溢流管流回水池。用这样的方法可保持试验管道中流体总压的稳定，从而获得稳定的流体流动。把换向器先调整到液流流入旁通的位置，液流将通过旁通管流向水池。开始工作时，先将调节阀调整到所需的流量，等流动完全稳定后，即可使用控制器使换向器动作，将液流导入标准容积计量器，过一定时间间隔后再使用控制器，使换向器反方向运动，将液流导入旁通管。记录换向器两次动作的时间间隔Δt，并读出由换向器导入标准容积计量器的流体体积ΔV，可由下式计算出体积流量标准值：

$$Q_V = \Delta V / \Delta t$$

静态容积法水流量标准装置的精度一般可达 0.1% ～ 0.2% 或更高。

②气体流量标准装置。以气体为校验介质的流量标准装置称为气体流量标准装置。气体流量除了与体积、时间等参数有关外，还与温度、压力等物理性质有关，所以，气体流量标准装置一般比液体流量标准装置复杂。为适应不同种类、不同流量范围的气体流量计校验的需要，现在已经有了多种形式的气体流量标准装置。这里介绍以空气为介质的$pVTt$法。

$pVTt$（压力、容积、温度、时间）法的气体流量标准装置如图6-13所示。图中的储气箱容积ΔV是经过精确测定的，它是装置的标准计量容器。校验时先用气源向储气箱充气，等稳定后读出储气箱内气体的压力p_1、温度T_1，然后用储气箱向被校流量计中放气，同时计时，经过一定时间间隔Δt后，关闭通向被校表的阀门，等储气箱内气体温度稳定后读出其压力p_2、温度T_2。若储气箱内的温度T_1、T_2与室温一致，便可由理想气体状态方程得到气体的流量Q_V。

$$Q_V = \frac{(p_2 - p_1)}{p} \frac{\Delta V}{\Delta l}$$

式中　p_2——被校表上游侧压力。

图 6-13　气体流量标准装置

③标准表。把高精度的流量计当作标准表，对较低精度的流量计进行比对校验，从而对被校流量计进行分度，或确定其精度等级。目前，椭圆齿轮流量计的精度可以达到±（0.1% ～ 0.2%），涡轮流量计的精度可达 ±0.2%，对于一般工业用流量计可当作标准表。标准表校验法简单，已被广泛采用。但是，介质的性质和流量大小要受标准表的使用条件限制，要有稳定可调的流量发生系统。

3．温度参数的测量

温度测量和控制温度的变化范围对于试验系统有着重要的作用。测量试验过程中的油温，并使它控制在试验规范所要求的范围内是非常重要的。

温度是表征物体冷热程度的物理量。从微观上讲，温度标志着物质内部大量分子无规则运动的剧烈程度。

温度的单位在法定计量单位制中规定为热力学温度，单位为 K（开尔文）。开尔文是水的三相点热力学温度的 1/273.16。百分温标就是我国通用的摄氏温标（℃），它是将水的冰点和沸点之间的温度分为 100 等份（度），并规定冰点温度为 0 ℃、沸点为 100 ℃。根据热力学温度，可导出

$$t=T-273.16$$

式中　　t——摄氏温度（℃）；

　　　　T——热力学温度（K）。

温度测量的基础是物体之间的热交换及某物体物理性质随受热程度的不同而变化。温度传感器的常用材料物理性质有材料的热膨胀性、导体受热电阻变化、热电势及热辐射。

（1）常用的温度测量方法。

1）热电阻测温法。热电阻测温法是根据金属的电阻随着温度增高而线性增加的性质来实现对温度测量的。金属导体的电阻随温度变化的特性为

$$R_t=R_0\left[1+\alpha\left(t-t_0\right)\right]$$

式中　　R_t，R_0——t，t_0 时的电阻值（Ω）；

　　　　α——热电阻的电阻温度系数（℃$^{-1}$）。

可见，只要把作为测温元件的金属丝加上保护套和接线插头就组成了温度传感器。当外界温度变化时，其阻值发生变化，采用桥式电路就可将电阻值的变化转换为电压或电流值输出，以作为被测温度值的显示。

一般作为热电阻的金属测温范围为：铂 –258 ℃～ 900 ℃，镍 –150 ℃～ 300 ℃，铜 –200 ℃～ 120 ℃。

2）热敏电阻测温法。与金属的性质相反，某些半导体的电阻随着温度增高而降低，而且只要有微小的温度变化就能引起电阻的变化。其电阻与温度的变化关系在 –60 ℃～ 400 ℃ 范围内完全呈线性。热敏电阻可做成各种形状，并装入探测头中。圆珠形的热敏电阻直径可小至 ϕ0.4 mm。同样，通过电桥电路可将电阻的变化转换成其他电量输出并显示。图 6-14 所示为半导体温度计工作原理。

图中 R_T 为热敏电阻，R_3 为起始点温度对应的阻值，R_4 为满量程对应的阻值。它们担负着校准

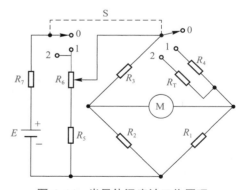

图 6-14　半导体温度计工作原理

电桥平衡及供桥电压的任务。R_1、R_2 为电桥平衡电阻，即固定的半桥臂；R_5、R_7 为分压电阻；R_6 为供桥电压调节电位计；S 为转换开关；E 为电源。当开关由 0 位转至 1 位置时，R_4 接入电桥，调节 R_6 使电表指针偏转至满刻度值。此调节的目的是消除电源正电压的变化引起的误差。当 S 转至 2 位置时就是测量状态，将 R_T 接入电桥。若温度处于量程起始温度，则此时 R_T 阻值与 R_3 相等，电桥平衡，电表指针不动。随着温度的变化，指针偏转，一旦 $R_T=R_4$，指针偏转至最大位置，即温度达到量程的满刻度值。

此种测温仪的优点是体积小、灵敏度高、快速响应好（即热惯性小）。其缺点是稳定

性差、感测头不能互换。

（2）常见的温度计。

1）玻璃温度计。玻璃温度计是由玻璃毛细管和与之相连的充液玻璃球组成的。毛细管上端封闭，由于外部温度变化，引起球内充注液体的体积变化，导致毛细管内液柱的升降。一般充注的液体为水银、酒精等。水银玻璃温度计测温范围为 –30 ℃～ 150 ℃，有机液体玻璃温度计测温范围为 –100 ℃～ 150 ℃。由于这种温度计具有结构简单、复现性好、可靠和便宜等优点，它得到广泛应用；缺点是易损坏和精度一般。其常用于测量室温、手持测油箱的油温等。

2）压力式温度计。压力式温度计的工作原理如图 6-15 所示。其感测部分为温包，里面允许有惰性气体或某些液体（如易挥发的甲苯、乙醚、氯甲烷、氟利昂 12、丙酮等）。温包通过毛细管与测压元件（如弹簧管等）相连。当温包感受到外部温度的变化时，根据热胀冷缩原理，内部介质发生体积变化，使管内压力发生变化，并通过毛细管传至测压元件，转变成指针的转动以显示温度的变化，所以称为压力式温度计。由于它的毛细管的长度可达 20 m，故其可作为中等距离的温度测量。常用于显示油箱中的油液温度。

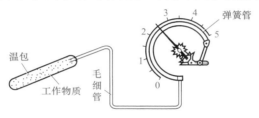

图 6-15　压力式温度计的工作原理

图 6-16 所示为电接点压力式温度计工作原理。它具有能通过人工来装定温度的上下限值的电触点装置，当检测的温度使指针达到下限值或上限值时，可使外部电路接通。这样就可实现某些控制功能，如温度报警，自动控制油液的加热和冷却等。

3）热电偶温度计。自 1821 年塞贝克发现热电效应以来，随着测温技术的发展，热电偶已成为应用最广泛的测温元件之一。其主要优点是测温范围广，可以在 273.16 ℃～ 2 800 ℃的范围内使用，精度高，性能稳定，结构简单，动态特性好，由温度转换的电信号便于处理和远传。

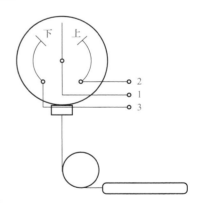

图 6-16　电接点压力式温度计工作原理

①测温原理。由两种不同的金属 A 和 B 构成一个闭合回路，当两个接触端温度不同，即 $T > T_0$ 时，回路中会产生热电势 $E_{AB}（T，T_0）$，如图 6-17 所示。其中 T 称为热端、工作端或测量端，T_0 称为冷端、自由端或参比端。A 和 B 称为热电极。热电势 $E_{AB}（T，T_0）$ 的大小是由接触电势和温差电势决定的。

a. 接触电势：由于金属导体材料不同，金属导体内部的自由电子密度也不同，因此当两种不同的金属导体 A 和 B 接触时，自由电子就从密度大的导体扩散到密度小的导体中，从而产生自由电子的扩散现象，如图 6-18 所示。设导体 A 的自由电子密度比导体 B 大，则会有较多的自由电子从 A 跑到 B，而返回的较少，最后达到平衡。导体 A 失去电子带正电荷，而导体 B 得到电子带负电荷。这样，A、B 接触处形成一定的电位差，这就是接触电势（也叫珀耳帖电势），其大小可用下式表示：

$$e_{AB}(T) = \frac{kT}{e} \ln \frac{N_A}{N_B}$$

式中　$e_{AB}(T)$——导体 A 和 B 在温度为 T 时的接触电势，A 和 B 的顺序代表电动势的方向；

　　　　k——玻尔兹曼常数；

　　　　T——接触处的绝对温度；

　　　　e——单位电荷量；

　　　　N_A，N_B——金属 A 和 B 的自由电子密度。

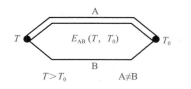

图 6-17　热电偶原理

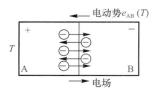

图 6-18　接触电势原理

b. 温差电势：在同一导体中，当导体两端的温度不同，即 $T > T_0$ 时，两端电子能量就不同。温度高的一端电子能量大，电子从高温端跑向低温端的数量多，而返回的数量少，最后达到平衡。这样，在导体 A 的两端形成一定的电位差，即温差电势（也称汤姆逊电势），如图 6-19 所示。其大小可用下式表示

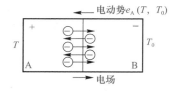

图 6-19　温差电势原理

$$e_A(T, T_0) = \int_{T_0}^{T} \delta \mathrm{d}T$$

式中　$e_A(T, T_0)$——导体 A 在两端温差分别为 T 和 T_0 时的温差电势，T 和 T_0 的顺序代表示电动势的方向；

　　　　δ——汤姆逊系数，表示温差为 1 ℃时所产生的电动势值，它与导体材料的性质有关。

c. 热电偶回路的总热电势：在两种金属导体 A 和 B 组成的热电偶回路中，两个接触点的温度为 T 和 T_0，而且 $T > T_0$。则回路总热电势由四部分组成，两个温差电势，即 $e_A(T, T_0)$ 和 $e_B(T, T_0)$；两个接触电势，即 $e_{AB}(T)$ 和 $e_{AB}(T_0)$。它们的方向和大小如图 6-20 所示。按顺时针方向写出四个电动势之和

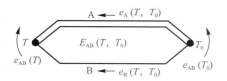

图 6-20　热电偶回路电动势分布

$$\begin{aligned}
E_{AB}(T, T_0) &= e_{AB}(T) - e(T, T_0) - e_{AB}(T_0) + e(T, T_0) \\
&= [e_{AB}(T) - e_{AB}(T_0)] - [e_A(T, T_0) - e_B(T, T_0)] \\
&= \frac{k}{e}(T - T_0) \ln \frac{N_A}{N_B} - \int_{T_0}^{T}(\delta_A - \delta_B)\,\mathrm{d}t
\end{aligned}$$

从上式可以看出，若热电极 A 和 B 为同一种材料时，$N_A = N_B$，$\delta_A = \delta_B$，则 E_{AB}（T，T_0）$=0$。若热电偶两端处于同一温度下，$T = T_0$，$0 - T_0 = 0$，则 E_{AB}（T，T_0）$=0$。因此，热电势存在必须具备两个条件，即两种不同的金属组成热电偶，它的两端存在温差。再对上式重新组合，则有

$$E_{AB}（T，T_0）= [e_{AB}（T）- \int_0^T (\delta_A - \delta_B)\, \mathrm{d}t] - [e_{AB}（T）- \int_T^{T_0} (\delta_A - \delta_B)\, \mathrm{d}t]$$
$$= f（T）- f（T_0）$$

从上式可以看出，热电势是 T 和 T_0 的温度函数的差，而不是温差的函数，这是因为热电势是非线性的。如果令 $f（T_0）=0$，即 $T_0 = 0$ ℃，有

$$E_{AB}（T，T_0）= f（T）$$

则 E 与 T 之间有唯一对应的关系，即单值函数关系，因此，就可以用测量到的热电势 E 来找到对应的温度值 T。

理论和试验都已证明，热电偶热电势的大小，只与导体 A 和 B 的材质有关，与冷、热端的温度有关，而与导体的粗细、长短及两个导体接触面积无关。

②热电偶的几个定则。用热电偶测量温度，还需要解决一系列的实际问题，以下由试验所确定的几个定则，为解决这些实际问题提供了理论依据。

a. 均质导体定则：由一种均质导体所组成的闭合回路，无论导体的截面面积如何及导体各处温度分布如何，都不能产生热电势。

这一定则说明，热电偶必须采用两种不同材质的导体构成。如果热电偶是由两种均质导体组成，则热电偶的热电势仅与两接点的温度有关，而与沿热电极的温度分布无关。如果热电偶的热电极是非均质导体，在不均匀温度场中测温时将造成测量误差。所以，热电极材料的均匀性是衡量热电偶质量的重要技术指标之一。因此，在热电偶的检定试验中，要检查两种导体材质是否相同，还要检查热电极材料的均匀性，以便判断热电偶是否合格。

b. 中间导体定则：在热电偶回路中接入中间导体，只要中间导体两端温度相等，则中间导体的接入对回路总电动势没有影响（图 6-21）。

如图 6-21（a）、（b）所示，在电极为 A、B 的热电偶回路中接入第三种导体 C，只要保持 C 两端的温度相等（在虚线框内，分别为 T_0 和 T_1），则回路总电动势仍为 E_{AB}（T，T_0）不变，与 C 的接入无关。这一点对于热电偶的实际应用十分重要，因为要测量回路的热电势，就需要接入测量仪表，那么仪表中肯定有导线等其他第三种导体 C，甚至还有第四种导体 D，如图 6-21（c）所示。但第三种、第四种导体接入端两点温度一般是相同的，因此仪表的接入不会引起回路热电势的变化。

在热电偶回路 A、B 中接入第三种导体 C 时，若接入的两点温度不相等，则会产生误差。对于图 6-21（a），误差等于 AC 或 BC（取决于两接点中哪一个温度高）两种导体在 AC 和 BC 两接点温差作用下所产生的热电势。对于图 6-21（b）来说，误差等于 AC 两种导体在两接点温差作用下所产生的热电势。因此，第三种导体不宜采用与热电极热电特性相差很远的导体，否则两接入端温度差的微小变化就会引入较大的误差。

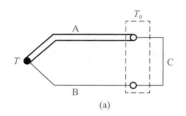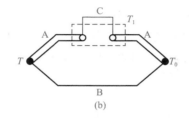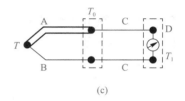

(a)   (b)   (c)

图 6-21　热电偶回路中接入中间导体

c.连接导体和中间温度定则：如图 6-22 所示，在热电偶回路中，如果热电极 A 和 B 分别与连接导体 A′和 B′相接，其接点温度分别为 T，T_n，T_0，则回路的总热电势等于热电偶的热电势正 E_{AB}（T，T_n）与连接导体的热电势正 $E_{A'B'}$（T_n，T_0）之代数和。这就是连接导体定则，即

$$E_{ABB'A'}（T，T_n，T_0）=E_{AB}（T，T_n）+E_{A'B'}（T_n，T_0）$$

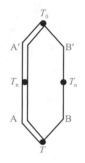

连接导体定则为在工业测温中使用补偿导线提供了理论基础。这样，只要选配在低温下（100 ℃以下）与热电偶热电特性相同的补偿导线，便可使热电偶的参比端延长，使之远离热源，到达一个温度相对稳定的地方而不会影响测温的准确性。

当 A 与 A′、B 与 B′材料分别相同，所处温度仍为 T，T_n 和 T_0 时（参见图 6-22），其总的热电势

$$E_{AB}（T，T_n，T_0）=E_{AB}（T，T_n）+E_{AB}（T_n，T_0）$$

这就是中间温度定则，其中 T_n 称为中间温度。

③热电偶的结构形式。为保证热电偶正常工作，热电偶的两电

图 6-22　采用连接导体的热电偶回路

极之间及与保护套管之间都需要良好的电绝缘。热电偶的普通型装配式结构如图 6-23 所示。它由热电极、绝缘套管、外保护套管及接线盒组成。贵金属热电极直径不大于 0.5 mm，廉金属热电极直径一般为 0.5 ～ 3.2 mm；绝缘套管一般为单孔或双孔瓷管；外保护套管要求气密性好，有足够的机械强度，还要求导热性好和稳定的物理化学特性，最常用的材料为铜及铜合金、钢和不锈钢，以及陶瓷材料等。整只热电偶的长度由安装条件和插入深度决定，一般为 350 ～ 2 000 mm。

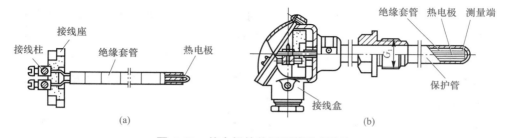

图 6-23　热电偶的普通型装配式结构

4．其他参数的测量

（1）转速测量。具有旋转运动的试验对象（如液压泵轴、液压电动机轴或壳体等），在试验中要求测量转速。转速是在单位时间内旋转的圈数，又称旋转频率，有平均转速和瞬时转速之分。在法定计量单位制中转速的单位规定为 s^{-1} 和 r/min。

$$1 \text{ r/min}=(1/60) \text{ s}^{-1}$$

下面介绍磁电感应式转速传感器测量转速的方法。图 6-24 所示为转速传感器结构示意。它主要由永久磁铁、极靴和线圈组成。其测速原理如图 6-25 所示。在被测轴上安装一个带齿的圆盘或小模数齿轮，它们均由强导磁材料制成，齿数一般为 60 或 6 的倍数。将传感器极靴对准齿顶安装，中间留有小于 2 mm 的间隙。因为间隙小、磁阻小，所以磁通强，当被测轴带动圆盘旋转时，每转过一个齿，磁通变化一次，在线圈中就要产生感应电势，输出端就呈现出电压幅值的变化，而变化的频率是与被测转速成比例的。这样就将非电量的转速 n 转换成电信号的频率 f，然后通过频率计进行转速测量。

传感器的输出信号由于波形不规范，在进行测频之前需要经过整形线路处理后变成规矩的方波，再经过微分和削波线路变成脉冲电压信号，此信号频率与原信号频率是一致的。若能测出信号频率 f，就相当于测出转速 n。

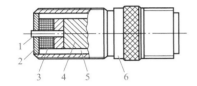

图 6-24　转速传感器结构示意

1—极靴；2—骨架；3—线圈；4—永久磁铁；

5—浇注填充材料；6—接线插头

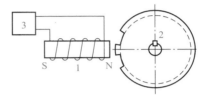

图 6-25　转速测量原理

1—转速传感器；2—齿轮盘；3—频率计

$$n=60f=\frac{60N}{tZ} \text{ (r/min)}$$

式中　t——测量时间（s）；

　　　Z——圆盘齿数；

　　　N——在测量时间 t 内传感器输出的电压脉冲数。

（2）位移测量。在飞机部附件试验中需要测量的位移有直线位移和角位移（角度）。

1）直线位移测量。图 6-26 所示是电位计式位移传感器测量原理。它是由两只电位计组成的桥式测量电路，其中一只电位计的滑臂由被测对象带动，两个滑臂之间的电压大小与位移量成比例，输出电压的极性与运动方向对应。此方法简单易行，还可用于频率不太高的动态测量场合。

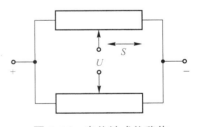

图 6-26　电位计式位移传感器测量原理

图 6-27 所示是差动变压器式位移传感器原理。它是根据电磁感应原理工作的，由初级线圈、两个差接的次级线圈及处于线圈中的铁芯组成。铁芯由导磁材料制成，在线圈里可做轴向自由移动。当给初级线圈输入高频的激磁电压时，由于电磁互感作用，在次级线圈中产生同频率的感应电动势。当铁芯处于中立位置（或称零位）时，则在两次级线圈中产生的感应电动势大小相等、相位相反，所以，其综合输出电压为零（$V_0=0$）。当铁芯偏离中立位置时，两个次级线圈中的感应效果不同，故产生大小不等的电压，因而，在输出

端上的综合电压不为零（$V_0 \neq 0$）。其幅值大小与铁芯偏离中立位置的位移量 S 成比例，相位则取决于移动的方向。

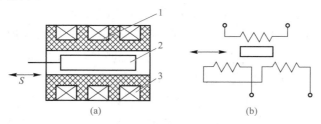

图 6-27　差动变压器式位移传感器原理

1—初级线圈；2—铁芯；3—次级线圈

2）角位移测量。磁电式小角度传感器的结构工作原理如图 6-28 所示。在一个由电动机 M 带动的感测齿轮 G 的旁边，安装了两个磁电式转速传感器。传感器 1 固定在外壳上，传感器 2 则与被测转轴相连。测量时由电动机以一定的转速带着齿轮 G 旋转。由于两个传感器相对于齿轮的位置决定了两个输出信号具有一定的初始相位差 α_0。当由转轴 S 输入一个小的角位移时，则传感器 2 也要移动一个同等的角位移，因而导致两个信号的相位差增加 $\Delta\alpha$。$\Delta\alpha$ 与被测角位移成比例。将此两个输出信号输往相位差计，就可测量和显示角位移的大小。这种传感器的测量范围受到感测齿轮齿数的限制。其最小感测角度可达 $(1/4\,000)°$，测量精度为 $\pm0.05\%$。

（3）直线速度测量。动圈式直线速度传感器的工作原理如图 6-29 所示。被测对象带着可动线圈运动；线圈安放在磁场中，由于它在磁场中做切割磁力线运动，线圈中就要产生感应电动势。电动势 U_e 的大小与线圈在磁场中运动的速度成正比，其极性与运动方向对应。

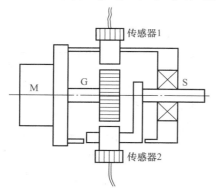

图 6-28　磁电式小角度传感器的结构工作原理

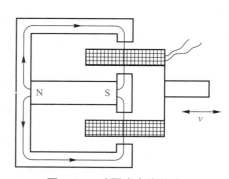

图 6-29　动圈式直线速度传感器的工作原理

$$U_e = kBNLv$$

式中　k——比例系数；

　　　B——磁感应强度；

　　　N——线圈匝数；

　　　L——匝线圈的有效长度；

　　　v——被测对象的速度。

当传感器结构确定以后，上述这些参数均为常数，可见传感器输出电压完全与直线运动速度 v 成正比关系。

这种速度传感器由于其结构简单，使用方便，且可用于动态测量，所以得到广泛应用。

（4）时间间隔测量。在飞机部附件试验中所需要进行的时间测量一般是指一段时间间隔 Δt，如转速 n 和流量 Q 都是通过测量 Δt 时间间隔里的脉冲数来衡量的。动态试验中要求测量的过渡过程时间、时间常数、响应时间等也都是一段时间间隔。Δt 的测量范围较宽，从小到几微秒，大到数小时。下面介绍一种常用的电秒表。

由于电秒表可以通过外部控制线路来实现启动和停止，故使用比较方便。当然，其测量精度一方面取决于电秒表本身的精度，另一方面取决于控制线路引入的误差。

图 6-30 所示为 EAW 型电秒表的结构原理。它由驱动用的交流恒速电动机、离合器及指针传动系统、离合器的控制继电器 J_1、停止继电器 J_2 等元件组成。

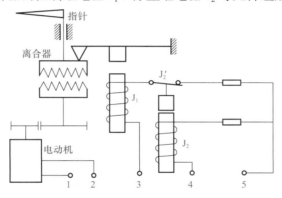

图 6-30　EAW 型电秒表的结构原理

当给 1、2 端点通电时，电动机启动、旋转。但由于离合器未结合上，指针不动。当给 3、5 端点通电时，继电器 J_1 的线圈通电，继电器动作，使离合器接合，指针旋转，开始计时。一旦 4、5 端点与电源接通，J_2 线圈获电，继电器动作，使常闭触点 J_2' 断开，J_1 线圈断电，离合器脱开，指针停止旋转，计时停止。由刻度盘上直接读出指针开始转动到停止这段时间的间隔值。可见，它的计时精度虽然主要取决于电动机的恒速程度，但也与交流电源的电压和频率稳定度，继电器和离合器的吸合、释放时间有关。该电秒表刻度盘上最小刻度为 0.1 s。

（5）扭矩测量。图 6-31 所示为光电测扭装置原理。测扭轴 1 的两端分别固定一个透明有机玻璃圆盘 3 和 4，每个圆盘上沿半径方向有等分角度的黑色条纹将圆盘等分成透光与不透光相间的部分，即分成光栅盘。当测扭轴未受扭矩时，一个光栅盘的透光部分正对着另一光栅盘不透光部分，光源 2 不能透过光栅盘照到光电元件 5 上。此时光电元件上没有电流通过。当测扭轴受扭变形时，两个光栅盘会因相对错动而形成透光口，光线便照射到光电元件上，产生电流。扭矩大，扭转变形角也大，透光光口的开度也大，光电元件上受照射面积就增大，电流的平均值增强，电流与扭矩成正比。将光电流指示出来或记录下来，即可测得扭矩的大小。

二、密封性试验

飞机液压、冷气系统附件都是在一定的油压或气压下工作的，这些附件本身的密封性直接影响整个系统的工作。因此，对于经过修理后的附件，要进行密封性试验，以检查其内部和外部的密封性是否符合规定。

1. 试验技术条件

附件密封性试验结果的准确性与试验时所用的介质、压力、时间和温度等因素有关。因此，试验技术条件中对试验所用的介质、压力、时间和温度等都做了明确的规定。试验时必须严格按规定执行，以确保试验的准确性。

（1）试验介质：如无特殊规定，则一般应使用附件所在系统的工作介质。即冷气附件用冷气，液压附件用 YH-10（或 YH-12）液压油，燃油附件用 RP-1 煤油。

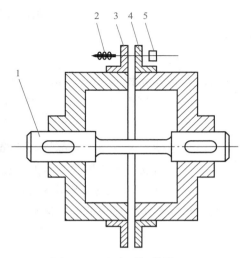

图 6-31　光电测扭装置原理
1—测扭轴；2—光源；
3，4—有机玻璃圆盘；5—光电元件

（2）试验压力：如无明确规定，则试验压力应为工作压力。

（3）试验时间：如无明确规定，一般气密试验 2～3 min，液压密封试验 5～10 min。

（4）试验温度：一般为（20±10）℃。

2. 试验及检查方法

（1）冷气附件的试验及检查方法。试验时，以规定的气压输入附件，保持一定的时间，检查附件是否漏气或漏气量是否符合规定。常用冷气附件密封性试验的检查方法有以下几种：

1）槽液法。试验时，将附件放入重铬酸钾水溶液（1 kg 水中加入 5 g 重铬酸钾）或酒精槽中，观察附件各接合部位有无气泡或在单位时间内出现的气泡个数来判断附件的密封性是否符合规定。

用槽液法试验合格的附件应立即用压缩空气吹除内腔及外部的重铬酸钾水溶液，然后置于 50 ℃～60 ℃的干燥箱内烘干 1 h。

2）涂肥皂水法。试验时，在检查部位涂中性肥皂水，观察附件各接合部位有无气泡或在单位时间内出现的气泡个数来判断附件的密封性是否符合规定。

3）密闭压力试验法。对于允许漏气量较大的附件，采用上述两种方法显然是不行的，因此，可以通过检查附件在规定的时间内压力变化量来判断其密封性是否符合规定。

（2）液压附件的试验及检查方法。试验时，以规定的油压输入附件，保持一定的时间，检查附件是否漏油或漏油量是否符合规定。

检查时，可在检查部位涂抹滑石粉，然后用毛刷刷去（内部密封试验除外），或者用干燥的干净绸布置于检查部位进行检查。

三、强度试验

附件的壳体承受着油压或气压的作用，如果壳体强度不够，轻则产生变形，以致壳体上各接头处漏油或漏气，严重时壳体产生裂纹以致爆破。因此，在附件修理中，凡要求定期进行强度试验的附件或有下列情形之一者应进行强度试验：

（1）各类气瓶，按规定期限进行；

（2）镗修后或重新焊接管嘴后的作动筒、蓄压器壳体等；

（3）车修过的承受高压的附件壳体；

（4）内壁腐蚀坑深度超过规定，但需继续使用的零件；

（5）图纸要求进行强度试验的新制零件；

（6）大修时，凡图纸或技术条件中规定要求进行强度试验的零件；

（7）高压软管。

1．试验技术条件

（1）试验介质：一律采用液体（所用液体见各试验件具体规定）。

（2）试验压力：一般为工作压力的 1.5 倍（专门规定者除外）。

（3）试验时间：3 ～ 5 min（专门规定者除外）。

2．强度试验检查内容

附件壳体及各焊接处不得有永久变形和裂纹；容器的永久变形度不得超过规定值。永久变形度 $= \dfrac{\text{试验后容积} - \text{试验前容积}}{\text{试验前容积}} \times 100\%$。

3．强度试验注意事项

（1）强度试验工作介质一律采用液体（所用液体见各试验件具体规定）。

（2）强度试验时，弹簧活门、滤网等易变形的零件，不允许装入，以防变形。

（3）增压时，应用手摇泵缓慢加压（大容腔附件开始时允许用油泵充压），关死连通低压表的开关。

（4）在试验过程中，操作者及有关人员应处于安全位置，防止零件损坏发生事故。

（5）强度试验设备性能必须符合规定，被试附件应放在安全箱内，确保安全。

四、性能试验

附件的性能试验是最重要的一项试验，性能不符合要求，附件就无法满足飞机各系统的需要。

附件的性能一般是指漏油量、漏气量、供油量、供气量、供油压力、供气压力、减压性能、调压性能、流量、转速、流体阻力、摩擦阻力、运动的平稳性、快速动作性及行程等。其中，有关压力、流量等方面的内容及测量方法在前面已做了介绍，这里再介绍有关流体阻力、摩擦阻力、运动的平稳性、快速动作性等方面的试验方法。

1. 流体阻力试验

有些附件的孔径很小或装有节流装置，当工作介质流经此处时，就会产生较大的阻力。如果阻力过大将直接影响系统的工作压力，使传动机构运动迟缓。因此，对于这类附件应进行流体阻力试验，以检查附件的流体阻力是否符合要求。

测量附件的流体阻力的实质就是检查工作介质经过附件所产生的压力差，这个压力差就是流体的阻力。

2. 摩擦阻力试验

附件的配合面在工作中不可避免地要产生摩擦阻力。如果这种摩擦阻力过大，将会影响附件的工作性能。因此，对于有摩擦阻力要求的附件，应进行摩擦阻力试验。

由于附件不同，附件内部零件的运动方式、操纵方式不同，因此，试验摩擦阻力的方法也就各不同。

（1）机械传动方式的附件。用悬挂砝码或用弹簧秤，测量配合面零件开始移动所需的力，以此来判断摩擦阻力的大小。

（2）工作介质压力传动方式的附件。用工作介质压力测量配合面零件开始移动所需的力，以此来判断摩擦阻力的大小。

（3）电磁操纵方式的附件。用测量配合面零件开始移动所需的最低电压来判断摩擦阻力的大小。

3. 运动的平稳性试验

运动的平稳性试验一般是向附件输入一定的压力，检查活塞等的运动，在全行程应均匀、无阻滞、无抖动地运动。

4. 快速动作性试验

快速动作性试验一般是向附件输入一定的压力，检查活塞等运动一定的距离所需的时间。检查时可使用电秒表和行程开关等配合进行。

■ 五、特殊试验

附件的振动试验，高、低温试验，寿命试验，零件的破坏试验，保险片的爆破试验等，均属特殊试验。附件修理后一般不做此类试验，必须做此类试验时，应按专门规定执行。

■ 六、附件试验时的注意事项

（1）试验前熟悉被试附件的工作原理及试验工艺规程要求，掌握试验项目的内容及试验方法、注意事项。

（2）熟悉试验台工作原理及正确操作方法。

（3）试验设备的性能必须符合规定。检查液压试验台内的油液，不合格的要及时更换；及时放掉冷气试验台管路中的沉淀物。

（4）检查试验台各操纵开关，应在正确位置，然后启动运转，并检查系统的密封性和机械、电气、仪表工作是否正常。

（5）试验设备所用仪表应定期校验。所用压力表用于一般强度和密封试验的应不低于2.5级、用于性能试验的应不低于1级。

（6）试验设备应按规定定期检查维护，过滤器等附件必须定期检查、清洗。高压气瓶不可超过保险期使用，不允许用超差的附件改为试验台上的高压容器使用，安装试验台上的超差附件必须鉴定为保证安全者，否则禁止装试验台使用。不符合安全使用要求的试验夹具、扳手、导管、接头、堵头、堵帽等，应随时隔离，不可与符合安全使用要求的试验设备混在一起使用。

（7）凡试验的附件，螺纹必须拧紧，有关部位必须详细检查，不许有容易弹出的隐患。

（8）先试液压，后试气压。除专用工艺规程规定者外，强度试验必须用液压进行，禁止用气压试验，试验时间不可超过规定。

（9）油泵开车前，其他接嘴必须用堵帽堵好，以免油液射出。

（10）试件安装时，接头帽不可朝向有人的地方，防止弹出伤人。

（11）充压后不要立即检查，等压力表指示稳定后才可开始检查，检查时不可面对接嘴观察，防止试件弹出或油液喷射伤人。

（12）调压试验时，应先释压，然后调节压力。

（13）在充有压力的情况下，不可拧紧螺母来排除泄漏（应先释压才可拧紧）。

（14）高压空气试验设备的进气及出气，都必须安装相应的减压装置，禁止直接用高压气源进行较低压力的试验工作。

（15）拆卸试件应先停车（或关断气源），放尽压力，拆卸时不可面对试件，防止弹出伤人。

【技能训练六】

刹车调压器的调试

按工艺规程调试刹车调压器。按图6-32在刹车试验台上装配好刹车调压器，通过扳动手柄压缩活塞可调节出口压力，将手柄固定在某一位置，出口压力可保持稳定值。利用气密试验检查密封性时，可采用涂肥皂水的方法检查产品外部气密性。其具体工作任务见工作手册6。

图6-32 在试验台上装配后的刹车调压器

典型部附件修理

项目七　减压器的修理

【学习目标】

【知识目标】

（1）熟悉减压器 KJY-8A 的构造、工作原理；

（2）了解产品修理的基本要求；

（3）掌握产品修理的主要内容、方法和注意事项。

【能力目标】

（1）能够对产品进行接收和交付；

（2）能够对产品进行分解、清洗、装配和调试；

（3）能够对产品中的主要零件进行故检；

（4）能够针对零件的损伤情况进行修理或修理施工；

（5）能够对产品的常见故障进行分析。

【素质目标】

热爱航空维修事业，养成敬仰航空、敬重装备、实事求是、认真负责、遵章守纪的航空维修机务精神，坚持零缺陷、无差错的职业素养。

航修手艺人 下足绣花功——记全国五一劳动奖章获得者李林

【任务描述】

● 阅读任务，在工作手册中完成任务

减压器是用来减小高压冷气的压力，以适应传动部分工作的需要。这样提高冷气瓶的储气能力，减少飞机日常维护充气频率。既增大冷气系统的作功能力，又能使输往传动部分的冷气压力保持在一个稳定的符合传动工作需要的数值。现有一减压器要求进行大修，按照飞机部附件修理的流程对该产品依次进行分解、清洗、故检及修理、配套、清洗、装配、调试和交付。

减压器的修理

某型飞机冷气系统中，除供气部分装有减压器外，还有应急刹车部分的减压器、防冰部分的减压器、液压油箱增压部分的减压器等。它们的工作原理、构造和修理方法都基本相同，因此，本任务载体是减压器 KJY-8A。

一、减压器 KJY-8A 的构造与工作原理

1. 构造

减压器 KJY-8A 的构造如图 7-1 所示。其由壳体、进气活门组、调压组和安全活门等组成。

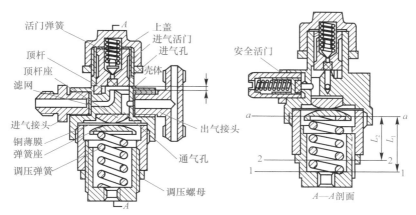

图 7-1　减压器 KJY-8A 的构造

2. 工作原理

减压器的工作原理如图 7-2 所示。

图 7-2　减压器的工作原理

（1）减压工作原理。减压器出口气压小于 $5_{-0.3}^{+0.7}$ MPa 时，调压弹簧通过顶杆将进气活门顶开，高压冷气可经进气孔进入出口管路。随着高压冷气不断进入，出口气压逐渐升高，薄膜上的气压作用力也逐渐随之增大，调压弹簧逐渐被压缩，进气活门在活门弹簧作用下逐渐关小。当调压弹簧上端被压下到 a—a 位置（图 7-1）进气活门刚好关闭时，高压冷气不能再进入，出口气压便不再增大。其正常值为 $5_{-0.3}^{+0.7}$ MPa。

如果传动部分消耗冷气，出口气压降低，薄膜上的气压作用力便随之减小，调压弹

簧又会伸张，将进气活门顶开，高压冷气又从进气孔进入，直至出口气压恢复到 $5^{+0.7}_{-0.3}$ MPa 时，进气活门重新关闭。

由上可知，减压器减低出口气压的实质是利用出口气压本身来自动控制进气活门的开、闭，从而使出口气压保持在一个稳定的数值上。

（2）出口气压的调整原理。从减压工作原理中可以看出，保持出口气压一定的条件是，进气活门处于关闭位置，即调压弹簧上端处于 a—a 位置。因此，如果将调压螺母向里拧进一些（如图 7-1 所示，将调压螺母由 1—1 位置拧到 2—2 位置），则作用在薄膜上的冷气作用力把调压弹簧上端压下到 a—a 位置，就需要多压缩一些调压弹簧（如图 7-1 所示，调压弹簧长度 $L_2 < L_1$），出口气压也就必然会大一些；反之，将调压螺母拧出一些，出口气压变小。可见，调整出口气压的实质，是改变进气活门处于关闭位置时调压弹簧的压缩量，也可以说是改变调压弹簧的预压量。

（3）安全活门的工作。安全活门用来防止出口气压过大，以保证系统安全。当减压器进气活门不密封或调压弹簧的预压量调得过大，使出口气压超过 $6^{+1.5}_{-0.2}$ MPa 时，安全活门被顶开，出气接头后的部分冷气从放气孔放出，出口气压就不再上升。安全活门工作压力不符合规定值，可以拧动安全活门的调压螺母进行调整。

■ 二、常遇故障及原因

减压器在工作中常遇的故障主要是出口压力不符合规定。产生这个故障的原因，除调整不当外，还可能有以下几点：

（1）调压弹簧或进气活门弹簧疲乏。调压弹簧疲乏，顶开进气活门的作用力减少，在出口气压较小时，弹簧即被压缩，使进气活门提前关闭，造成出口气压过小；进气活门弹簧疲乏，减小了关闭活门的力量，这时作用在薄膜上的出口气压必须相应增大，才能关闭活门，于是造成出口气压过大。因此，在工厂修理时，都要检查弹簧的性能是否符合规定。

（2）进气活门胶垫损坏或活门座阀口损伤，进气活门在关闭后不密封，即使进气活门能在规定压力下关闭，但冷气仍不断从进气活门进入，使出口气压不断上升，直至安全活门打开放气。

（3）顶杆或进气活门锈蚀，运动不灵活。进气活门不能在规定的出口压力下打开或关闭，造成出口气压过高或过低。锈蚀严重时，还可能将进气活门卡住，使减压器不起减压作用。

（4）安全活门的弹簧疲乏。由于弹簧张力过小，安全活门在减压器的出口气压尚未达到规定值时即打开放气。

（5）减压器的壳体变形，进、出气接头不密封，安全活门胶垫损伤，铜薄膜破裂等，所有这些都会引起附件漏气，降低系统压力。

■ 三、减压器的修理

1. 分解

减压器的分解施工过程如图 7-3 所示。

（1）由于减压器的壳体材料为铜合金，分解时应使用专用夹具将减压器固定，以防止壳体变形或损伤。

（2）进气活门座的阀口较尖，为了避免活门座压坏进气活门的胶垫，分解时，应先拆除进气活门上盖、弹簧，取出进气活门，再分解调压螺母和调压弹簧。装配则相反，先装好调压弹簧和调压螺母，再装配进气活门、弹簧及上盖。这样，可以通过调压弹簧和顶杆来支撑进气活门，以减小活门与活门座接触的力量。

图 7-3　减压器分解的施工过程

2．修理

（1）进气活门和活门座的修理。进气活门是由硬橡胶压入活门壳体内接合而成的。如图 7-4 所示，活门胶垫如有不大于 0.5 mm 压痕，可采用研磨方法排除，但需要保证活门高度应不小于 18.5 mm，表面粗糙度为 $Ra0.4$，端面垂直度不超过 0.05 mm，以防止高度过低，减小进气活门弹簧的张力和胶垫与壳体的接合力，以及防止活门与活门座贴合不好造成不密封，活门座（活门阀口）的研磨如图 7-5 所示。活门胶垫损伤严重，可用牌号相同的硬橡胶按规定尺寸车削后，予以更换。将胶垫压入活门壳体时，压入的力应在 1 200 ~ 1 250 N 范围内。压入力量太大，说明胶垫直径太小，将会使胶垫与壳体结合不牢，压入力量太大，又可能把壳体压变形。为了判明胶垫与壳体接合是否牢固，可从活门胶垫的另一端（$\phi1^{+0.25}$mm 处）加 150 N 的力检查，胶垫不许有松动现象。另外，为了保证活门的密封性，有些修理厂使用工程塑料 SFB-1 来代替硬橡胶，效果较好。

活门阀口有轻微划伤，可用研磨棒研磨排除。研磨后阀口应保持有 $R0.1$ mm 的圆弧半径。活门座压伤严重或有裂纹，应更换壳体。

图 7-4　分流活门的研磨

图 7-5　活门阀口的研磨

（2）弹簧的检验。活门弹簧及调压弹簧不允许变形和锈蚀，另外，还应按规定进行长度和力的检查，不符合规定的应予更换。

（3）安全活门胶垫损坏应采用加热硫化的方法进行修理。

（4）顶杆或顶杆座等金属零件锈蚀，则使用细砂布打磨排除。铜薄膜损坏则应更换。壳体表面质量不好应采用化学镀镍进行恢复。

（5）进气活门、顶杆在壳体内运动应灵活性，无紧涩现象。两根顶杆的长度应相等，否则，装配后容易使进气活门歪斜，增大摩擦力。进气接头上的过滤网应无损伤且畅通。

3．性能检查

减压器经检修后，除进行外部密封性试验外，应着重进行调压准确性试验和安全活门打开、关闭压力准确性试验。

（1）安全活门打开和关闭压力准确性试验。如图 7-6 所示，试验时，向进气接头输入 11 ～ 15 MPa 的气压，调整调压螺母，使出口压力逐渐增大，当出口压力增大到 5.8 ～ 7.5 MPa 时，安全活门应打开放气，而出口压力降至 5.7 MPa 时，安全活门则应关闭密封。安全活门打开和关闭压力不合规定，可用调整螺母进行调整。

按以上方法检查安全活门的压力时，改变了调压弹簧的张力，即改变了减压器的出口压力。因此，这项试验一般应在调压准确性试验之前进行。如果要在调压准确性试验以后进行，为了不改变调压弹簧的张力，可用工具（带螺纹的顶杆）从调压螺母中心孔拧入减压器，顶开进气活门，使出口压力逐渐增大，用以检查安全活门打开和关闭压力的准确性。安全活门和出口压力试验合格后，应在保险螺母上用红漆涂上标志。

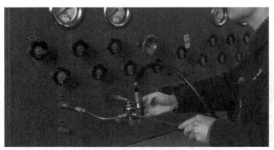

图 7-6　安全活门打开与关闭压力准确性试验

（2）调压准确性试验。如图 7-7 所示，向进气接头输入 11 ～ 15 MPa 的冷气，用调压螺母调整出口压力在 $5^{+0.7}_{-0.3}$ MPa 范围内，再检查调压准确性。

为了检验进口压力在规定范围内变化时，减压器的出口压力是否符合规定，应分两次进行试验：一次向进气接头输入 11 ~ 15 MPa 的气压，出口压力应在 $5^{+0.7}_{-0.3}$ MPa 范围内；另一次向进气接头输入 6.5 MPa 气压，出口压力也应在上述规定范围之内。这样反复检查 3 次，而且在最后一次进气压力为 11 ~ 15 MPa 试验时，待出口压力稳定后，应保持 10 min，出口压力上升应不超过 0.15 MPa，并应稳定在 $5^{+0.7}_{-0.3}$ MPa 范围内。

图 7-7　调压准确性试验

（3）外部密封性试验。如图 7-8 所示，堵住出气接头，向进气接头输入 13 ~ 15 MPa 的气压，将减压器放入酒精槽保持 5 min，检查各螺纹接合部位不允许漏气。

如在重铬酸钾水溶液中检查密封性，则应将调压螺母的孔堵塞，以防进水，待试验完毕后再将堵塞物取掉。

图 7-8　外部密封性试验

【技能训练七】

减压器的修理

按工艺规程对减压器进行分解、故检修理、装配、调试等训练任务，其具体工作任务见工作手册 7 ~ 10。

项目八 浮子活门的修理

【学习目标】

【知识目标】

(1) 熟悉浮子活门的构造、工作原理;

(2) 了解浮子活门修理的基本要求;

(3) 熟悉浮子活门修理的主要内容、方法和注意事项。

【能力目标】

(1) 能够对产品进行接收和交付;

(2) 能够对产品进行分解、清洗、装配和调试;

(3) 能够对产品中的主要零件进行故检;

(4) 能够针对零件的损伤情况进行修理或修理施工;

(5) 能够对产品的常见故障进行分析。

空军"金牌蓝天工匠"
获得者施娟:成功的
人舍得真心付出

【素质目标】

热爱航空维修事业,养成敬仰航空、敬重装备、实事求是、认真负责、遵章守纪的航空维修机务精神,坚持零缺陷、无差错的职业素养。

【任务描述】

● 阅读任务,在工作手册中完成任务

浮子活门用来控制输油活门和增压放气活门的控制腔的油压,使其打开或关闭。现有一飞机燃油系统典型部附件浮子活门要求进行大修,按照飞机部附件修理的流程对该产品依次进行分解、清洗、故检及修理、配套、清洗、装配、调试和交付。

浮子活门的修理

【知识链接】

■ 一、构造与工作原理

浮子活门由浮子、杠杆、顶杆和钢珠活门等组成,如图 8-1 所示。

浮子是泡沫塑料制成的。钢珠活门和顶杆各有 3 套,安装在上下壳体的 3 个孔内。顶部有 3 个接管嘴,分别与 3 个钢珠活门接通。为了保证钢珠活门的关闭时机合乎要求,3 个顶杆长度是不同的,并分别标有号码 1、2、3。安装时,应使顶杆的号码与壳体上接管嘴的号码一致。

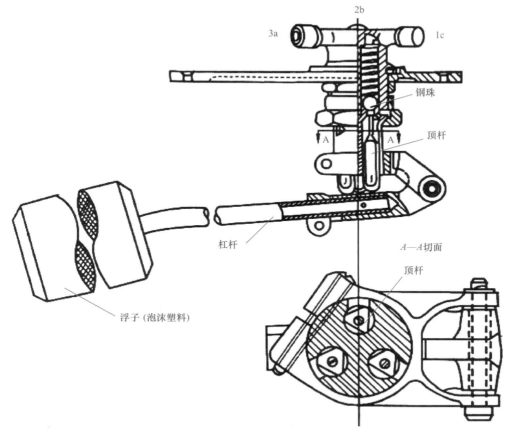

图 8-1 浮子活门

加油时，浮子随油面一起上升。杠杆即可通过顶杆按 1、2、3 的顺序依次顶开各个钢珠活门；用油时，浮子随油面一起下降，各钢珠活门即可在弹簧作用下，按 3、2、1 的顺序依次关闭。

■ 二、浮子活门的故检修理

1．浮筒的修理

浮筒表面允许有轻微的划伤，但是为了防止浸油，必须在划伤面上涂刷 H04-2 磁漆。在浮筒上的环氧腻子涂层缺失处，涂漆前应先涂一薄层环氧腻子。浮筒外表面压坑面积不大于 1 cm²，深度不超过 1 mm 或由于制造中遗留的表面缺陷，允许使用。另外，浮筒上管子的角度及尺寸应符合要求。

2．外壳及塞杆的检查与修理

外壳与钢珠（图 8-2）接触的表面不允许有划伤，否则应研磨或重新用钢珠压制阀口后再研磨（图 8-3），以保证密封。塞杆（图 8-4）不允许损伤或有毛刺，有毛刺应打磨光滑，损伤时则报废换新。

图 8-2　钢珠压阀口

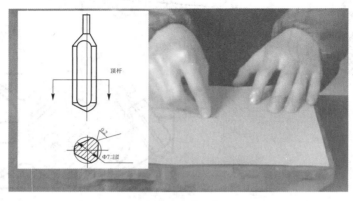

图 8-3　研磨顶杆

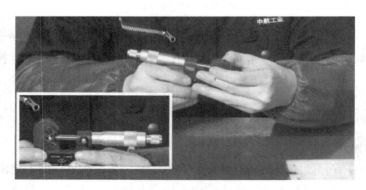

图 8-4　顶杆行程的测量

3. 浮子活门的装配

浮子活门在装配时主要应注意以下几点：

（1）塞杆在外壳孔中配合应灵活，不允许有紧涩现象。

（2）摇臂在轴上旋转应灵活。

（3）摇臂在轴上的轴向活动间隙应不大于 0.4 mm。

（4）摇臂的旋转角应为 8°，塞杆起始位置及塞杆行程应符合图 8-5 所示的要求。

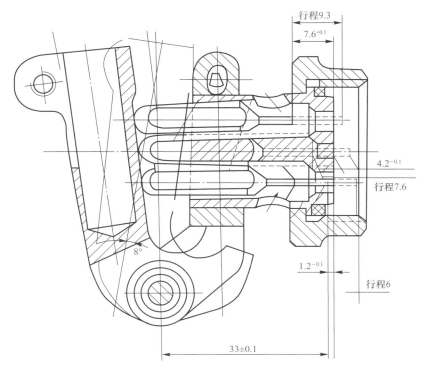

行程9.3

7.6$^{+0.1}$

4.2$^{-0.1}$

行程7.6

1.2$^{-0.1}$

行程6

8°

33±0.1

图 8-5　塞杆起始位置及塞杆行程

4．浮子活门的试验

（1）气密性试验。如图 8-6 所示，将活门安装在专用夹具上（不带浮筒），将外壳上的各管嘴堵上，在夹具内加入气压 68.65 kPa，各胶圈的连接处应完全气密。

在钢球处于完全关闭状态，然后分别从管嘴加入气压，压力慢慢由 0 升到 0.18 MPa，检查各活门及封严处不允许漏气，外壳管嘴不允许出现气泡。如钢珠活门漏气，必须改用 0～0.18 MPa 的煤油压力试验，允许钢珠活门在每分钟内漏油不超过 10 滴。

图 8-6　气密性试验

（2）工作性能试验。如图 8-7 所示，以 0.16 MPa 冷气压力同时加入外壳上 3 个管嘴（浮筒位于下部位置），平板处在水平状态，慢慢升高煤油油面，当浮筒浸入煤油里不超过其体积之半时，活门应按顺序全部打开［打开顺序首先是"1c"，其次是"2b"，最后是"3a"

（图 8-1），根据相应的压力表压力降到 0 来判断活门是否打开］。当慢慢降低煤油油面，活门应按相反的顺序关闭（各相应的压力表的压力增至 0.16 MPa）。

图 8-7　工作性能试验

【技能训练八】

浮子活门的修理

按工艺规程对浮子活门进行分解、故检修理、装配、调试等训练任务，其具体工作任务见工作手册 11 ～ 14。

项目九　涡轮冷却器的修理

【学习目标】

【知识目标】

（1）熟悉涡轮冷却器的构造、工作原理；

（2）了解涡轮冷却器修理的基本要求；

（3）熟悉涡轮冷却器修理的主要内容、方法和注意事项。

【能力目标】

（1）能够对产品进行接收和交付；

（2）能够对产品进行分解、清洗、装配和调试；

（3）能够对产品中的主要零件进行故检；

（4）能够针对零件的损伤情况进行修理或修理施工；

（5）能够对产品的常见故障进行分析。

一名航修"老兵"
的依依深情

【素质目标】

热爱航空维修事业，养成敬仰航空、敬重装备、
实事求是、认真负责、遵章守纪的航空维修机务精神，
坚持零缺陷、无差错的职业素养。

【任务描述】

● 阅读任务，在工作手册中完成任务

涡轮冷却器是使增压空气进一步降温的部附件。现有
一飞机空调系统典型部附件涡轮冷却器要求进行大修，按
照飞机部附件修理的流程对该产品依次进行分解、清洗、
故检及修理、配套、清洗、装配、调试和交付。

涡轮冷却器的修理

【知识链接】

■ 一、涡轮冷却器主要性能指标

（1）进口空气绝对压力：（4±0.3）×0.098 1 MPa；

（2）出口空气绝对压力：（1.3±0.1）×0.098 1 MPa；

（3）进口空气温度：（70±5）℃；

（4）空气流量：（210±50）kg/h；

（5）进出口温度差：不小于 45 ℃。

■ 二、涡轮冷却器的构造及工作原理

1. 构造

涡轮冷却器的构造如图 9-1 所示。

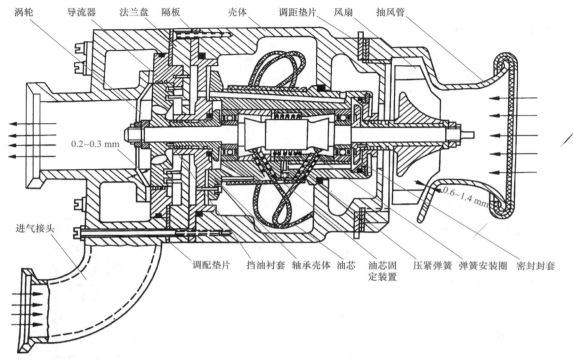

图 9-1　涡轮冷却器的构造

涡轮盘和风扇分别安装在转轴两端，转轴由两个超精级滚珠轴承（C136100）支承在轴承壳体上。轴承壳体由 8 个螺钉固定在隔板上，而隔板则固定在冷却器的壳体上。壳体与轴承壳体之间装满棉花和润滑油；壳体上有 3 个加油孔，平时用螺塞堵住。壳体两端分别与涡轮罩和抽风管连接，其连接处都装有调距垫片，分别用来在装配时调整涡轮盘与涡轮罩，风扇与抽风管之间的间隙。

涡轮冷却器的转速很高，可达 50 000 ～ 70 000 r/min，所以轴承必须很灵活。为此，轴承应有良好的润滑和散热措施。否则，轴承工作很容易磨损，使活动间隙增大，涡轮和风扇转动时就会产生较大的摆动，造成与壳体摩擦而损坏，如果轴承温度过高，还可能发生轴承烧结故障。

LQ-5C 涡轮冷却器采用以下方式给轴承润滑，在轴承壳体与壳体之间填充了吸满润滑油的棉花，形成一个润滑油池。将毛毡制成的油芯浸在油池内，而将其两端穿过轴承壳体上的孔紧贴在轴的表面上。这样，油芯就依靠其毛细管作用不断将润滑油引到轴的表面上。转轴高速旋转时，即将润滑油甩成油露状去润滑轴承，用过的润滑油由轴承外侧的甩油盘甩出，经轴承壳体上的回油孔流回油池。油芯供油的特点是可以不断地微量供油，而且油芯本身起着油滤的作用，可以保证供油清洁。

涡轮冷却器还采用以下方法给轴承散热：在轴承壳体上开有 8 个轴向通气孔，孔的一端与涡轮盘上的斜孔相通，另一端通向风扇背面。风扇旋转时，不断地从涡轮盘上的斜孔抽吸一部分经过膨胀降温的增压空气，快速流过轴承壳体上的通气孔，将轴承壳体上的热量带走，以使轴承降温。

2．工作原理

从空气散热器流出的增压空气，经进气接头进入涡轮冷却器的导流器，如图 9-2 所示。导流器的通道呈收敛形，增压空气通过它时要加速膨胀，将一部分热能转变为动能，压力和温度降低，然后，气流以大速度冲击涡轮，又将动能转变为涡轮的机械能，使涡轮带着风扇旋转对气做功，把这一部分能量消耗掉。因此，增压空气经过涡轮冷却器之后，压力和温度都有显著降低。如压力为 3.3×0.098 1 MPa，温度为 70 ℃的增压空气，经过涡轮冷却器后，一般压力可降低到 0.3×0.098 1 MPa，温度可降低到 25 ℃以下。

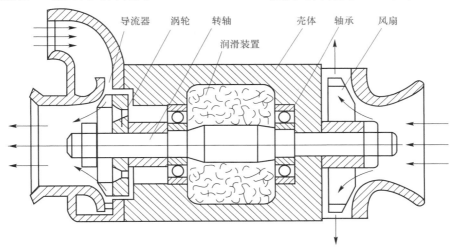

图 9-2　涡轮冷却器的工作原理

三、常遇故障及修理

1．常遇故障

涡轮冷却器在使用过程中，常遇的故障是涡轮转动不灵甚至根本转不动。其主要原因如下：

（1）密封装置损坏。密封装置损坏漏油，润滑性变差，致使涡轮转动时温度过高而将轴承烧坏。

1）在隔板和封严衬圈篦齿形配合面上浇铸的锡基合金（图 9-3）磨损，使它们与挡油衬套、风扇衬套之间的配合间隙增大，导致密封性变差。锡基合金具有熔点较低、性质较软、减磨性好的特点，把它浇铸到隔板和封严衬圈内，并经过车削加工后，能使隔板与挡袖衬套、封严衬圈与风扇衬套之间保持很小的配合间隙（0.05 ～ 0.08 mm），这不仅能保证它们的配合面具有良好的密封性，而且当挡油衬套、风扇衬套随着转轴一起高速旋转，万一与隔板或封严衬圈柜碰撞时，也不至于将涡轮卡住。但若磨损而使配合间隙增大后，则润滑轴承的油雾就会从间隙处泄漏，使轴承的润滑性变差。

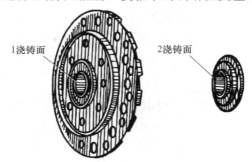

1浇铸面　　　2浇铸面

图 9-3　隔板和封衬圈的浇铸部位

2）隔板上的毡圈被高速气流吸引而松散，容易脱毛，使密封性变差，因而增大了润滑油的泄漏量。

3）涡轮冷却器壳体与轴承壳体结合处的胶圈老化，密封性变差，油池内的润滑油经胶圈处泄漏，造成油量减少。

（2）轴承卡滞、磨损。轴承被脏物卡滞、磨损后，使涡轮转动不灵活，并破坏涡轮转动的平衡性。如果损伤严重，则涡轮和风扇转动时会产生很大的摆动，造成与壳体摩擦，甚至将涡轮卡住而完全不能转动。

2．修理

涡轮冷却器发生故障后，须分解检查零件的损伤情况。分解时，应在壳体、隔板、法兰盘及涡轮罩上做好记号，以便于装配。隔板和封严衬圈内的锡基合金摩擦，可采用浇铸的方法重新配制；而毡圈、胶圈、轴承及润滑装置等损坏后，应予以更换。

（1）隔板和封严衬圈内锡基合金的配制。给隔板和封严衬圈内配制锡基合金的一般步骤：先对隔板和封严衬圈进行表面处理，在所需浇铸的部位镀锡；再把隔板和封严衬圈放在模具上，将加热熔化好的锡基合金迅速倒入模具进行浇铸；待合金冷却后，将浇铸部位车修至规定尺寸。下面说明配制的具体方法。

1）表面处理。浇铸前的表面处理，包括清除隔板和封严衬圈上的旧合金，在磨具、隔板和封严衬圈的非浇铸部位涂刷涂料，以及进行预热三项工作。

①清除隔板和封严衬圈上的旧合金。为了保证合金与隔板、封严衬圈粘结牢固，必须清除零件上的旧合金。清除的方法是刮刀轻轻地将旧合金刮除，也可加热使旧合金熔化后用力把它甩净，旧合金被除掉后，用酒精等清洗并擦净。再涂一层 25%～50% 的氯化锌水溶液，以防止金属表面氧化和便于镀锡。

另外，浇铸用的工具如生铁坩埚、金属模具等，也应进行喷砂处理，以清除其表面的脏物和杂质。

②涂刷涂料。隔板、封严衬圈的非浇铸部位及浇铸用的工具，均应涂刷涂料。其目的是使零件或工具与熔化的合金接触时能够隔热，避免它们大量吸热而降低熔液的温度，同时，还可以防止合金沾到非浇铸面上，不便清除。涂料主要采用石棉粉（石棉纸板）和水玻璃等。使用时，将涂料按照规定的配方调配好后，涂刷到上述零件和工具表面即可。

③预热。如果零件或工具的温度太低，则当它们与高温的合金熔液接触时，会使合金

熔液飞溅而伤人。因此，事先须对隔板、封严衬圈及浇铸工具进行预热。预热的温度，隔板和封严衬圈为 80 ℃～150 ℃，浇铸工具为 200 ℃～250 ℃。

2）镀锡。在隔板和封严衬圈的浇铸部位镀锡，可以保证合金与零件粘合牢固。其方法是将纯锡加温至 280 ℃～320 ℃，使其熔化，然后把准备好的隔板和封严衬圈放进锡液中，保持 1.5～3 min，使锡粘合在零件的浇铸部位。

3）浇铸合金。浇铸前，将锡基合金（ChSnSbll-6）放在生铁坩埚内，加温至 400 ℃～500 ℃，使之熔化。在加温时，需要撒入占合金总量 0.3 %～0.4 % 的氯化铵，用来清除合金中的氧化物，并且还应在合金表面覆盖一层干燥的木炭，以防止水分浸入。

待合金熔化好后，即从锡液中取出零件放在金属模具上，并用冒口圈压紧，再向模具内迅速浇铸合金。要求在 7 s 内浇铸完成一个零件。如果时间过长，使温度降低，合金流动性变差，则会影响浇铸的质量。

浇铸好后，就用冷气吹隔板和封严衬圈，使合金完全凝固。然后，清除工具及零件外表的涂料。

4）车修隔板和封严衬圈的内孔。对浇铸好的隔板和封严衬圈进行车削加工，要求将其内孔车至 $16^{+0.18}$ mm，并保证内径、外径的不同心度不大于 0.02 mm，内径与端面的不垂直度不大于 0.05 mm。

（2）转子组合件平衡性能的检查与调整。转子组合件包括涡轮、风扇、转子轴、轴承，挡油衬套及其两端的固定螺母、垫圈等。它是保证涡轮冷却器正常工作的重要机件。在使用中，轴承、涡轮盘及风扇等零件比较容易损坏。损坏后，必须更换新品。

由于涡轮冷却器的转速很高，在更换转子组合件中任一个零件后，都必须检查和调整转子组合件的平衡性能，要求它的不平衡度不超过 0.02 mm，以保证涡轮冷却器在高转速下稳定地工作。为了达到这一要求，平衡性能的检查可分为静平衡和动平衡两步进行。下面简要介绍它们的检查与调整方法。

1）静平衡的检查与调整。在更换涡轮或风扇等零件时，先要单独检查它们的静平衡，以保证涡轮或风扇的重心正好落在转轴上。由于零件的材料不均匀、制造时不精确或使用中磨损变形等原因，零件的重心可能不在转轴上，而会偏离转轴一段距离，这样，转子在高速旋转时，就要产生一个不平衡离心力，对轴承形成周期性的作用，引起强烈的振动。物体重心不在转轴上的这种物理现象，叫作静不平衡。

为了消除静不平衡，首先要做静平衡检查。检查的方法：先将平衡支架放在平台上，并用水平仪校准。再将涡轮盘或风扇安装在心轴上，把心轴放到支架上（图 9-4）。如果涡轮盘或风扇不能稳定地停在任意位置，而只能停在某一位置上，则说明试件的重心偏向一边，造成静不平衡。此时，需用刮削的方法在试件规定部位上（图 9-5）除去一些金属，直到能使试件停在任意位置时为止。

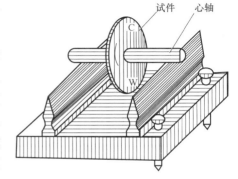

图 9-4　平衡支架及静平衡性能检查

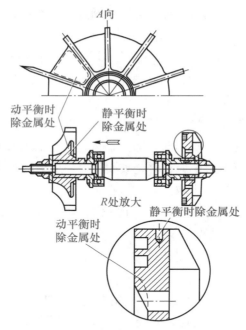

图 9-5 平衡性能调整时规定除去金属部位

2）动平衡的检查与调整。静平衡检查、调整合格后，虽然能保证涡轮和风扇的重心已在转轴上，但是，转子组合件装配后，高速旋转时仍有可能产生振动，这就是动不平衡现象。因为转子组合件装配后，各点的质量不可能完全对称，即使各点质量完全对称，在旋转时也不可能作用在同一个垂直于轴线的平面上，因此旋转起来将产生一个离心力偶，即产生两个反方向的离心力，这就会在轴线上引起额外的作用力。此力的方向也随着转子的旋转而时刻变化，因而引起转子振动。所以，还必须消除动不平衡现象。

如图 9-6 所示，进行动平衡性能检查之前，应选配好新轴承，使转轴与轴承的配合盈量为 0.003 ~ 0.006 mm，轴承与轴承壳体的配合间隙为 0.004 ~ 0.012 mm；然后，将涡轮组合件装配好。在装配轴承时应注意：为了保证工作中润滑良好，将轴承内环上带凸缘的一边朝向转轴端部，而无凸缘的一边朝向转轴中间；但在未装入轴承壳体之前，靠近风扇的轴承应将内环上带凸缘的一边朝向转轴中间，否则，平衡好后再分解时轴承容易损坏。

图 9-6 轴的打磨

检查时，将涡轮组合件安装在专用的动平衡检查仪上进行测定，要求它的不平衡度不大于 0.02 g/cm。如果不平衡度超过规定，则可在涡轮盘或风扇的规定部位上（图 9-7）除去少量金属，以将动平衡性能调整好。

图 9-7　动平衡的检查

在刮除过金属的地方，须涂 T01-1 清漆保护，以防止锈蚀。

转子组合件的动平衡性能须用专门的仪器设备进行检查。

（3）润滑装置的更换。涡轮冷却器如润滑不良，将会造成严重的后果。其润滑装置也会因受高温影响而被烧坏。润滑装置损坏后，须更换新品。更换时，应注意以下问题：

1）装填棉花时，棉花的含油量必须符合规定，以保证有足够的油量对轴承进行润滑。规定棉花装填量为 15 ～ 20 g，浸油量为（100±10）mL。将棉花均匀地被油液浸透（呈现黄色）后，取出棉花并挤掉多余的油液即可。然后取出其中 5 g 棉花缠在轴承壳体上，其余的棉花均匀地铺在油池内。

2）正确地安装油芯。油芯应从轴承壳体上相近的两孔穿入，使供油量集中，避免向四周扩散，留在轴承壳体外面的油芯头，分别通过毡块，每两个一组捆好，并绕在棉花上；留在轴承壳体里面的油芯呈弧形与转轴接触，其接触长度应符合规定。

■ 四、分解及装配

1．分解及要求

如图 9-8 所示，分解时不许敲打，以防引起轴、隔板和整流窗等零件的变形。分解下的非金属件一律报废。

分解应保持零件的成套性，以减少零件重新选配的工作量。

在主要连接处做好标记，以免装配时错位，影响其装配性能。

图 9-8　涡轮冷却器的分解

2．装配及要求

如图 9-9 所示，涡轮冷却器经分解检修后，应按规定的技术要求将各零件和组合件装配起来。在装配过程中，除按分解时的记号对准外，主要是测量和调整好转轴的轴向间隙、转动灵活性，以及涡轮盘与涡轮罩、风扇与抽风管之间的间隙。

图 9-9　涡轮冷却器的装配

（1）轴向间隙的测量与调整。在向轴承壳体内装配转轴、轴承，缓冲弹簧及弹簧座时，应保证两弹簧座之间有 0.01 ～ 0.1 mm 的轴向间隙。如果没有这个间隙，两弹簧互相顶住，则弹簧起不到缓冲作用。特别是在温度急剧变化时，两弹簧座有可能把轴承顶得很紧，以至影响转轴的正常转动。如果间隙过大，则当转轴做轴向移动时，会使涡轮与涡轮罩相碰。

测量轴向间隙的方法：在轴承壳体一端装配转轴和一个辅承，在另一端只装两个弹簧座；然后将它们放到测量支座上，如图 9-10 所示。再对弹簧座施加 50 N 外力，使两弹簧座互相接触。此时，用百分表测量出转轴端面的凸出高度，即两弹簧座之间的轴向间隙。如果间隙不符合规定，可通过选配弹簧座端面的垫圈进行调整。该处允许装入垫圈的数量不超过 5 个。

轴向间隙测量和调整好后，再向轴承壳体内装入弹簧及轴承等。

（2）转动灵活性的检查与调整。轴承壳体是通过 8 个螺钉固定在隔板上的。如果这 8 个螺钉拧紧力量不均匀，会使轴承壳体倾斜，轴承壳体偏斜，改变转轴与轴承的配合间隙，造成转动不灵活。因此，在装配轴承壳体与隔板的固定螺钉时，需要检查涡轮转动的灵活性。

检查的方法：将涡轮转轴和轴承装入轴承壳体，把轴承壳体和密封垫安装在隔板上，再依次对称地拧紧 8 个螺钉。当螺钉接近拧紧时，一边用手转动涡轮，一边继续对称地拧紧螺钉。在这个过程中，涡轮转轴应转动灵活，无卡滞现象。否则，可变换拧紧螺钉的次序以进行调整；如仍然不能排除，则需更换隔板或密封垫重新调整。

为了保证转动的灵活性调整得准确，在检查时，转轴上未安装涡轮的一端应套入专用衬套，并把固定螺母拧紧，以便压紧挡油衬套。

（3）涡轮盘和涡轮罩、风扇和抽风管之间间隙的检查和调整。将涡轮冷却器全部装配好后，应用塞尺测量涡轮盘与涡轮罩、风扇与抽风管之间的间隙。涡轮盘和涡轮罩之间的间隙规定为 0.2 ～ 0.3 mm，风扇和抽风管之间的间隙规定为 0.6 ～ 1.4 mm。间隙过小，会使涡轮盘与涡轮罩、风扇和抽风管之间发生摩擦而损坏；但若间隙过大，则会加剧漏气，降低涡轮效率。间隙不符合规定，可分别用涡轮罩和抽风管处的调距垫圈进行调整。

另外，在装配涡轮罩上的耳座时，为了保证它与飞机上的固定接耳孔同心，必须用样板校正耳座孔中心距离（图 9-11），此距离应为 1 250.1 mm。

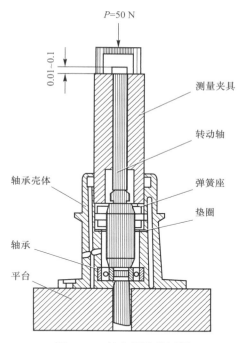

图 9-10　轴向间隙的测量

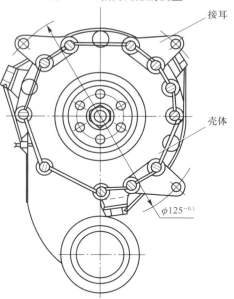

图 9-11　耳座孔中心的距离

■ 五、涡轮冷却器的试验

如图 9-12 所示，涡轮冷却器的试验是在专门的试验台（图 9-13）上进行的，向涡轮冷却器进口输入具有一定流量、温度和压力的气体，使涡轮冷却器高速旋转，测量其出口温度的大小，从而判断涡轮冷却器的降温性能是否良好。

图 9-12　涡轮冷却器的试验

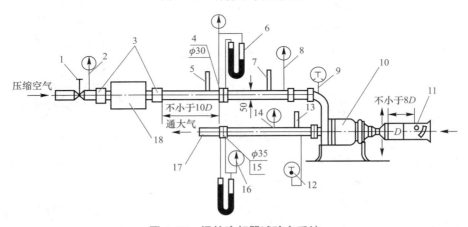

图 9-13　涡轮冷却器试验台系统

1—调压开关；2—压力表；3—气滤；4—孔扳；5—温度表；6—水柱压差计；7—温度表；8—压力表；

9—带电接触点温度表；10—涡轮冷却器；11—通风器节气门；12—带电接触点温度开关；

13—温度表；14—压力表；15—孔板；16—压力表；17—节气门；18—空气加温器

试验前，先按规定进行磨合试验，使涡轮组合件转动灵活并取得良好的润滑，然后正式试验。试验时，将进口空气温度调到 70 ℃ ±5 ℃，进口绝对压力调到（4±0.3）× 0.098 1 MPa，出口绝对压力调到（1.3±0.1）×0.098 1 MPa。当空气流量为（210± 50）kg/h，要求进、出口温度差不小于 45 ℃。

【技能训练九】

涡轮冷却器的修理

按工艺规程对涡轮冷却器进行分解、故检修理、装配、调试等训练任务，其具体工作任务见工作手册 15 ～ 18。

项目十　液压安全活门的修理

【学习目标】

【知识目标】

（1）熟悉液压安全活门的构造、工作原理；

（2）了解液压安全活门的基本要求；

（3）熟悉液压安全活门的主要内容、方法和注意事项。

【能力目标】

（1）能够对产品进行接收和交付；

（2）能够对产品进行分解、清洗、装配和调试；

（3）能够对产品中的主要零件进行故检；

（4）能够针对零件的损伤情况进行修理或修理施工；

（5）能够对产品的常见故障进行分析。

【素质目标】

热爱航空维修事业，养成敬仰航空、敬重装备、实事求是、认真负责、遵章守纪的航空维修机务精神。

中国机长刘传建
——感动中国 2018 年
度人物是否燃起了你
的航空梦？

【任务描述】

● 阅读任务，在工作手册中完成任务

安全活门是液压系统主供压及助力供压部分的主要附件之一，其作用是当液压泵调节部分失效时，自动地将系统油压限制在某一压力，以防止系统油压过大而损坏附件和导管。现有飞机液压系统典型部附件液压安全活门 YYF-2 要求进行大修，按照飞机部附件修理的流程对该产品依次进行分解、清洗、故检及修理、配套、清洗、装配、调试和交付。

液压安全活门的修理

【知识链接】

一、主要性能指标

钢珠活门开始打开压力：$p_{\text{开}} = （240^{+5} \times 0.098\,1）$ MPa（$t = 20\ ℃ \pm 10\ ℃$）。

安全活门通过流量为 10 L/mm 时所保持的压力 $\leqslant （260 \times 0.098\,1）$ MPa（$t = 20\ ℃ \pm 10\ ℃$）。

钢珠活门关闭压力：$P_{关} \leq$（220×0.098 1）MPa（t=20℃±10℃）。

工作温度：–60 ℃～ +80 ℃，允许短时间油液温度上升到 +125 ℃。

■ 二、构造及工作原理

1. 构造

YYF-2 型安全活门的构造及各零部件的相互位置关系如图 10-1 所示。它由壳体、大活门、活塞、活塞弹簧、钢珠活门、调压弹簧、小油滤和调压螺塞等组成。

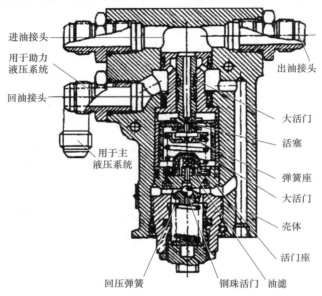

进油接头
用于助力液压系统
回油接头
用于主液压系统
出油接头
大活门
活塞
弹簧座
大活门
壳体
活门座
回压弹簧　钢珠活门　油滤

图 10-1　YYF-2 型安全活门

2. 工作原理

系统压力正常时，钢珠活门被调压弹簧压在关闭位置；活塞上下由节流孔沟通，油压相等，大活门在活塞弹簧作用下处于关闭位置。

当系统压力超过（220×0.098 1）MPa 时，钢珠活门在液压力作用下克服调压弹簧的弹力打开，少量油液经过节流孔和钢珠活门流回油箱。这时，由于节流孔的作用，活塞两端产生了压力差 δ_P，由于此时液压泵的供油量 $Q_{供}$ 比通过节流孔流量大得多，因此活塞两端压差 δ_P 不断上升，当系统压力 $P >$（240^{+5}×0.098 1）MPa 时，活塞上下的压差力便克服活塞弹簧的张力和活塞的摩擦力，使活塞向下移动，打开大活门。于是液压泵输出的大量油液便经大活门流回油箱，从而防止系统压力升高过多。系统压力越大，大活门的开度越大，经过安全活门的回油流量就越大。当通过活门的流量为 10 L/min 时，系统中的最高压力不超过（260×0.098 1）MPa。

当系统压力下降到（220×0.098 1）MPa 时，钢珠活门关闭，活塞上下压力差 δ_P 减小，大活门在弹簧力作用下回到关闭位置。

大活门开始打开时的系统压力，可以通过改变调压弹簧的张力来调整。顺拧调整螺母，使调压弹簧的张力增大时，大活门下面油室所保持的油压随之增大，而打开大活门所需的压力差是一定的。

所以，打开大活门时的系统压力也就随之增大。反拧调整螺母，打开大活门时的系统压力则减小。从上述可以看出，安全活门的大活门弹簧刚度较小时，使大活门打开所需的压力差也较小，特别是在回油流量较大、大活门开度增大的情况下，弹簧张力的变化很小，活门打开压力随流量变化范围较小。所以，采用了刚度较小的弹簧。它只是起到使大活门恢复并保持在关闭位置的作用，这对稳定系统压力是有利的。采用刚度较小的弹簧与直径较大的活门配合工作时，活门摩擦力和弹簧张力的比值相对地较大，因此，在大活门摩擦力有所增大的条件下，打开活门所需要的压力差就会显著增大；而当系统压力降低到比正常工作压力还要低时，大活门才能关闭。

■ 三、常遇故障及原因分析

安全活门在使用过程中容易出现的主要故障是活门打开压力 $P_开$ 不符合规定。

（1）安全活门打开压力过小或打开后关不严，使系统压力达不到规定值。其原因如下：

1）钢珠活门的调压弹簧疲乏，调压弹簧疲乏，张力减小，从而导致钢珠活门打开的压力 $P_开$ 减小，因此，系统压力 $P \leqslant （240^{+5} \times 0.098\ 1）$ MPa 时，钢珠活门便打开回油，使系统压力 $P \leqslant （240^{+5} \times 0.098\ 1）$ MPa。

2）大活门运动不灵活、大活门卡滞在打开位置，活塞上的节流孔堵塞或不畅。使活塞上下压差增大，使调压活塞过早下移，导致系统压力 $P \leqslant 240^{+5} \times 0.098\ 1$ MPa。

3）钢珠活门或大活门结合处不密封。由于安全活门工作时不可避免产生振动，使钢珠与活门座反复撞击，其表面容易产生压痕、划伤而造成密封不良；活门座外侧的胶圈，在低温下收缩，密封性也会变差。这些部位漏油量稍大时，活塞上下便产生足够的压差，即可使大活门打开，使系统油液大量经上述部位漏回油箱。

（2）安全活门打开的压力过大，使系统油压超过规定 $[P \leqslant （240^{+5} \times 0.098\ 1）$ MPa$]$。安全活门打开压力过大的原因主要是大活门与衬筒之间有锈蚀或毛刺等，造成紧涩、运动不灵活。当系统压力增大到 $240^{+5} \times 0.098\ 1$ MPa 时，大活门上下压力差的作用力，还不足以克服摩擦力将大活门打开。只有在系统压力继续升高，使钢珠活门开得更大，回油更多，以产生较大的压力差时，才能打开大活门回油，因而，活门打开的压力就超过规定。

（3）低压密封性良好，随着压力增大，漏油量增加。这种故障原因通常是钢珠锈蚀划伤或活门座有毛刺、压坑等，使钢珠活门不密封。因为当进口油压较低时，钢珠活门在弹簧张力作用下，压得较紧，存在一些缺陷也表现不明显，所以密封性较好；但当进口油压增大后，由于进、出口压力差增大，漏油量增加。特别是当进口油压增大到接近钢珠活门的打开压力时，弹簧已开始受到压缩，钢珠与活门座处于接近离开状态，如果钢珠或活门座有缺陷，就会明显地表现出来，漏油量将大大增加。

（4）低压漏油量较大，随着压力增大，漏油量反而减少。这种故障原因主要是大活门与衬筒接合处压伤或有毛刺，使大活门结合不紧密。因为钢珠活门没有打开之前，大活门上、下压力是相等的，但其受压面积并不相等（下面的受压面积比上面大）。所以，当压力较低时，关闭大活门的力量较小，使大活门与衬筒结合不很紧密，容易产生较大的缝隙，漏油量较多；压力增大后，关闭大活门的力量也增大，使大活门锥面与衬筒接触较紧密，漏油量反而减小。

1．分解

如图 10-1 所示，根据修理标准的规定分解全部零件，用洗涤汽油清洗干净，然后用冷气吹干或晾干。表面发蓝处理及表面粗糙度要求较低的零件应浸泡在 YH-10 液压油中保管。施工过程如图 10-2 所示。所有零件如果表面不需处理，其上面的氟塑料圈不必更换。

图 10-2　液压安全活门的分解施工

2．故检修理

（1）衬筒 1：衬筒 1 的内孔 ϕ10H10 与活门 2 上的 ϕ10 工作面上有轻微划伤时，研磨抛光排除，研磨抛光后要求表面粗糙度达到 Ra0.1，衬筒与活门的配合间隙应为 0.005～0.012 mm，如图 10-3 所示。

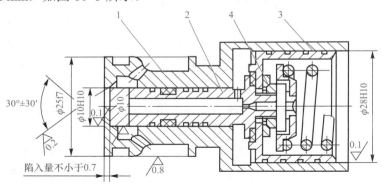

图 10-3　衬筒与活门的修理
1—衬筒；2—活门；3—活塞；4—螺母

衬筒 1 的锥面有轻微划伤或漏油量超过规定时，可与活门 2 一起对磨排除；研磨活门 ϕ10 的端面对 ϕ25f7 端面的陷入量应不小于 0.7 mm。衬筒的 ϕ28H10 与活塞 3 的 ϕ28 的配合面有轻微划伤时，可研磨、抛光排除，研磨、抛光后要求表面粗糙度应 Ra0.1，衬筒与活塞的配合间隙为 0.015～0.025 mm。衬筒修理的施工过程如图 10-4 所示。

图 10-4　衬筒修理的施工过程

（2）过滤器（图 10-5）的滤网 1 有变形、断丝或锈蚀时应更换；焊缝脱焊时，允许周围使用 HISnPb58-2 补焊。

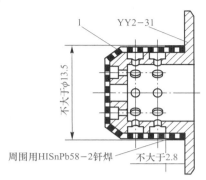

图 10-5　过滤器的修理
1—滤网

（3）钢珠活门座的阀口处允许有滚珠撞击的光滑钝角，但宽度不得大于 0.3 mm，若阀口有轻微的损伤可用钢珠研磨阀口以保证气密性。钢珠如有划伤、压痕和斑点时，应更换，如图 10-6 所示。

图 10-6　钢珠活门座的修理

（4）如图 10-7 所示，调压弹簧的自由长度应为（32.5±0.3）mm，当荷载为 539 N 时，弹簧的长度应为 $26^{+1.3}_{-0.9}$ mm，若弹簧指标不符合上述要求应更换。

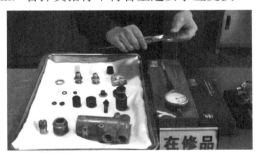

图 10-7　弹簧的故检

3．装配

按图 10-1 所示配齐所有零件，清洗后使用冷气吹干。在配合表面无划伤、锈蚀、表面处理层（未经重新表面处理）完好的情况下，应保持原套装配。装配活门组合件时，应将螺母 4（图 10-3）拧到止点，然后拧松约 1/6 圈对正键槽，并检查活门组合件放入衬筒

1 中应运动灵活。

最后按图 10-8 所示装配全部零件，选择过滤器垫圈的厚度及数量，保证大活门弹簧的初始压缩量为（4.5±0.2）mm，装配高压螺塞时，应将调压螺塞拧紧到止点，然后拧出 1/20 圈。

图 10-8　安全活门的装配施工

■ 五、性能检验

安全活门的主要试验内容有强度试验、密封性试验、工作性能试验。

1. 强度试验

不装调压部分，用专用螺塞堵住钢珠活门孔，并堵住进油管嘴，将回油管嘴与回油路连接，然后向出油管嘴加（360×0.098 1）MPa 的液压，保持 6 min，外部检查应密封，壳体不允许有永久变形。

2. 密封性试验

密封性试验可分为外部密封性试验和内部密封性试验。外部密封性试验主要是检查调压螺母、大螺母、接管嘴与壳体之间胶圈的密封性；内部密封性试验主要是检查钢珠活门、活塞杆和活门衬筒上胶圈的密封性。

为了保证试验的准确性，在试验前，应先把活门打开压力调到（240^{+5}×0.098 1）MPa。如活门打开压力太小，用规定的压力试验密封时，活门接近打开甚至已经打开，则测出的漏油量将过大；相反，活门打开压力太大，用规定的压力试验时，活门还关得较紧，测出的漏油量则会减小。这样都不能准确地判断安全活门内部密封性是否良好。

（1）内部密封性试验。如图 10-9 所示，堵住进油管嘴，向出油管嘴加（210×0.098 1）MPa 的油压，保持 3 min，各结合处不得渗油，测量回油管嘴的漏油量不得超过 3 cm³/min。

图 10-9　内部密封性试验

（2）外部密封性试验。如图 10-10 所示，堵住进出油管嘴，向回油管嘴加入
（30×0.098 1）MPa 的液压，保持 6 min，各结合处不得渗油。

图 10-10　外部密封性试验

3．工作性能试验

如图 10-11 所示，工作性能试验主要是检验安全活门的性能指标，从而判明调压弹簧、活门弹簧的基本性能。试验时，堵住出油管嘴，将回油管嘴与回油路相连，向进油管嘴加入（240^{+5}×0.098 1）MPa 的油压，活门应打开；当压力降低但不小于（220×0.098 1）MPa 时，活门应关闭。经过 2 min 后，测量回油管嘴的漏油量，若漏油量每分钟不超过 100 cm³，即认为活门关闭。

图 10-11　工作性能试验

【技能训练十】

液压安全活门的修理

按工艺规程对液压安全活门进行分解、故检修理、装配、调试等训练任务，其具体工作任务见工作手册 19 ～ 22。

项目十一　作动筒的修理

【学习目标】

【知识目标】

（1）熟悉作动筒的构造、工作原理；

（2）了解作动筒的基本要求；

（3）熟悉作动筒修理的主要内容、方法和注意事项。

【能力目标】

（1）能够对产品进行接收和交付；

（2）能够对产品进行分解、清洗、装配和调试；

（3）能够对产品中的主要零件进行故检；

（4）能够针对零件的损伤情况进行修理或修理施工；

（5）能够对产品的常见故障进行分析。

【素质目标】

热爱航空维修事业，养成敬仰航空、敬重装备、实事求是、认真负责、遵章守纪的航空维修机务精神，坚持零缺陷、无差错的职业素养。

我们是海军航空修理兵，我们为自己代言

【任务描述】

● 阅读任务，在工作手册中完成任务

现有一飞机液压系统典型部附件作动筒要求进行大修，按照飞机部附件修理的流程对该产品依次进行分解、清洗、故检及修理、配套、清洗、装配、调试和交付。

作动筒的修理

【知识链接】

飞机的起落架收放、轮舱盖收放、襟翼收放、减速板收放、喷口调节等都是通过作动筒（液油压缸）来实现的。如果作动筒工作不良，就可能引起部件收不上、放不下，或者收放动作不协调；对于带钢珠锁的作动筒，甚至不能可靠地将部件锁在预定的位置。这些都会直接影响飞机的飞行性能和飞行安全。因此，熟悉作动筒的构造和工作，掌握其修理方法，是十分重要的。

根据部件传动要求的不同，作动筒的构造也各有差异，但它们又具有共同点。总的来说可分为不带锁和带锁两类。带锁作动筒的锁又可分为钢珠锁（图 11-1）和卡环锁（图 11-2）两类。下面以带锁作动筒为例，介绍作动筒的修理。

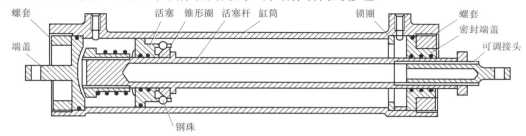

图 11-1　带钢珠锁的作动筒

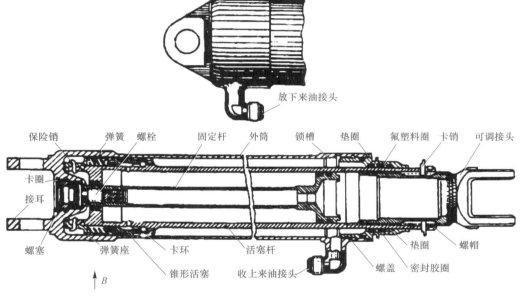

图 11-2　带卡环锁的作动筒

卡环锁由卡环、锥形活塞和弹簧等组成（图 11-3）。卡环是开口的，当活塞杆在收上位置时，卡环受外筒内壁的限制呈压缩状态。这时弹簧也呈压缩状态，使锥形活塞紧靠在卡环上。

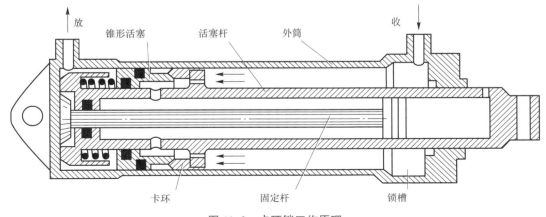

图 11-3　卡环锁工作原理

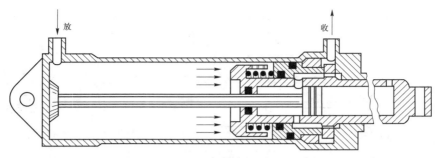

图 11-3　卡环锁工作原理（续）

活塞杆在油压作用下伸出，当卡环移动到外筒内壁的锁槽时，卡环直径胀大而卡入锁槽，同时，锥形活塞在弹簧和油压作用下插入卡环，使卡环不能收缩脱离锁槽，卡环锁即处于上锁状态，活塞杆在外荷载作用下也不能移动。

收入活塞杆时，油液从收上接头进入作动筒，使锥形活塞压缩弹簧向左移动，松开卡环。于是卡环在活塞杆上的凸缘部位和锁槽斜面作用下受到压缩，直径缩小脱离锁槽而开锁，活塞杆即可在油压作用下向内收入。

■ 一、作动筒常遇故障及原因分析

在使用中，作动筒的主要故障有活塞杆运动过于迟缓，速度不均匀或有间断现象；钢珠锁和卡环锁开锁、上锁不灵活，使开锁、上锁压力超过规定，上锁不牢靠，甚至不能上锁。

1．活动杆运动迟缓

活动杆运动迟缓的原因：一是作动筒的密封装置损坏漏油，使进入作动筒推动活塞运动的油液流量减小。如活塞上的胶圈损坏，工作腔的高压油液会泄漏到非工作腔去，使工作压力减小，反压力增大，活塞杆运动迟缓。二是外筒内壁、锥形活塞和活塞锈蚀，或活动杆上的铬层脱落，使活动杆运动的摩擦力增大，也会加速密封装置的磨损，使活动杆运动迟缓。

如果外筒内壁局部划伤或作动筒局部摩擦力增大，则会使活塞杆运动速度不均匀或有间断现象；如果装配不当，也会引起活塞杆运动迟缓。

2．开锁、上锁不灵活

钢珠锁开锁、上锁不灵活，主要是由于作动筒密封不良或活塞摩擦力过大，还可能是由于钢珠在钢珠孔运动不灵活，或锥形活塞等零件运动不灵活，甚至不能上锁。

3．上锁不牢靠

钢珠锁上锁不牢靠，一般的原因：钢珠孔和锁槽磨损、撞伤，使钢珠锁的活动间隙过大。因为间隙过大，活塞杆受外力作用时，钢珠锁承受很大的撞击荷载，容易自动脱锁，甚至将锁顶坏。另外，钢珠锁上弹簧疲乏或固定弹簧的螺母松动，使弹簧张力减小，也会造成上锁不牢靠。

■ 二、作动筒分解

作动筒活塞杆伸出长度直接影响各传动部分的正常工作，因此，分解前应对长度等可

调节部分做好标记。如图 11-4 所示，可分为左、右的零件，也应做好标记，不得串件。将作动筒用相应的夹具固定，然后依照修理技术标准依次分解各个零件。

图 11-4 作动筒的分解

三、作动筒检查和修理

作动筒工作不良，主要是由于密封装置及外筒、活塞（或锥形活塞）的损坏。而带钢珠锁的作动筒工作不良，主要是由于钢珠、钢珠孔、锁槽（或锁圈）等受到损伤。因此，作动筒分解后应着重检查这些零件。

1．外筒和活塞

外筒内壁如有轻微的磨损、划伤、锈蚀时，可用细砂纸打磨抛光处理；如损伤严重，则可用珩磨的方法修复，如图 11-5 所示。但珩磨后应保持外筒内径和最小壁厚符合规定，以保证外筒有足够的强度，其表面粗糙度值应达到 $Ra0.2$。

图 11-5 珩磨外筒的内孔壁

活塞或锥形活塞表面有轻微损伤，允许使用细砂纸打磨或抛光排除；如损伤严重，则可使用磨削加工排除。活塞杆表面铬层划伤或局部脱落，允许用磨削加工排除，但磨削后杆的最小直径应符合规定，然后镀铬，恢复尺寸，如图 11-6 所示。

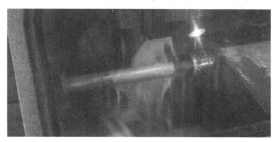

图 11-6 磨修活塞杆

在对各零件进行修理时，须特别注意各零件之间的配合精度，这样才能保证作动筒装配后的性能达到要求。例如，主起落架作动筒的外筒经珩磨后，内径增大，影响到外筒锥形活塞的配合间隙。因此，必须相应加大活塞和锥形活塞的尺寸，保持它们与外筒的配合间隙在规定的范围内，以保证胶圈的密封性和使用寿命。活塞与活塞杆的不同心度不大于0.03 mm，以保障活塞杆运动灵活。

2. 钢珠锁的修理

为了保证开锁、上锁灵活，钢珠、锁圈和锥形圈不允许有锈蚀、压伤。如有损伤，应予更换。外筒内的锁槽如有超过0.1 mm的压痕，允许在保证钢珠锁间隙正常的情况下，车修有压伤的侧面，但不得加深锁槽。

在检修中，如发现钢珠锁间隙过大，可在规定钢珠直径公差的范围内，选配较大的钢珠。装配钢珠时，应注意除去钢珠孔边缘及锁槽的毛刺，以保证钢珠运动灵活，而且同一活塞上各个钢珠的直径差值不得超过0.005 mm，这样才能使所有钢珠受力较均匀。

四、作动筒装配

如图11-7所示，装配作动筒前应首先检查与之有关的小附件，如液压锁导管等，确保它们是修理合格品，然后依照修理技术标准要求依次装配。装配时注意筒体内壁、活动部位和密封胶圈应涂 YH-10 液压油，严禁强行装配。

图 11-7　作动筒的装配施工

装配活塞杆组件时（图11-8）要求当螺套与锥形活塞的间距为0.5 mm时，测量锥形活塞的行程为（4±0.5）mm，整个作动筒装配完毕后，机械锁的活动间隙应为0.2～0.5 mm，若不符合要求，可选配厚度为1～3 mm的垫圈进行调整，作动筒的各转动连接处应能自由转动。

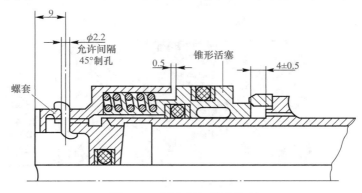

图 11-8　活塞杆组件的装配

五、作动筒试验

为了保证作动筒运动灵活，各种作动筒经检修后，装机前应按大修要求进行密封性和活塞运动摩擦力等试验。如果外筒经珩磨或焊修，装配前应单独进行强度试验。对于带锁的作动筒，还要检验钢珠锁开锁、上锁的灵活性和上锁的可靠性。下面以主起落架收放作动筒为例，说明它们的试验内容、要求和方法。

1. 密封性试验

试验目的是检查作动筒的密封情况。要求在规定的工作油压作用下，保持一定时间，各接合处不许漏油，试验压力也不许下降。

对主起落架作动筒，试验前，应按作动筒在飞机上的使用情况，装上质量合格的液压锁和导管等。如图 11-9 所示，具体试验方法如下：

图 11-9　作动筒的密封性试验

（1）分别向"收上""放下"接头加 25 MPa 的液压，各保持 3 min，各密封处不得漏油。当向"放下"接嘴加压，压力由 0 增加到 25 MPa，然后将压力调整至 0 再加压到 25 MPa。循环 5 次，整个过程"气压"接头漏油量不大于 20 mL。

（2）分别向"收上""放下"管嘴加（0.3±0.05）MPa 的液压，将万向接头和上转轴往复转动 10 次（转动角度大约为 45°），各密封处不得漏油。

2. 活塞运动摩擦力试验

在活塞杆上加荷载的条件下，分别从收上腔和放下腔输入油压，测量活塞不上锁的情况下，开始运动的最低压力值，不得超过规定。这项试验实际上是检查活塞与外筒及活塞杆与密封螺盖处的摩擦力是否超过规定。对主起落架动作筒，分别向"收上""放下"接管嘴加入0.7 MPa 的液压。同时检查活塞杆应能平稳地运动，不许有跳动。如果活塞杆运动有跳动现象，说明外筒、活塞或活塞杆上有毛刺或变形，或者是胶圈的预紧量太大，需分解、检查。

3. 开锁、上锁灵活性试验

机械锁开锁、上锁的灵活性，也是通过开锁、上锁时的最低压力值来判断。具体方法：在用 2～3 MPa 的液压上锁后，向"收上"管嘴加入液压，机械锁的打开压力应不大于 2 MPa；在用 21 MPa 的液压上锁后，机械锁的打开压力为（5±0.5）MPa。重复试验3 次，工作性能均应正常。对主起落架作动筒，要求开锁压力不超过 2 MPa，上锁压力为（5±0.5）MPa，在油压进入作动筒的收上腔进行开锁时，由于活塞油压作用的面积比较小，因此，规定开锁的压力略高于上锁的压力。

4. 钢珠锁上锁牢靠性试验

要保证机械锁上锁牢靠，第一，活塞的行程必须符合规定，使活塞杆在伸出后，卡环能准确地处于上锁位置；第二，卡环进入锁槽后的活动间隙不得超过规定，以免在工作中卡环与锁槽的撞击力过大而脱锁；第三，卡环和锁槽必须有足够的强度。因此，在进行试验时，应分别检验活塞的行程、钢珠锁的活动间隙及外荷载作用下钢珠锁的强度。

（1）钢珠锁活动间隙的测量。机械锁活动间隙用百分表进行测量。待活塞杆伸出并上锁后，把百分表固定在活塞杆上，使百分表测量杆顶在外筒固定螺母端面，并保持一定的压紧值，然后，沿活塞杆轴向加 1 000 ～ 1 500 kg 外力，先推入再拉出活塞杆，通过百分表测出活塞杆这一活动范围的数值就是机械锁的活动间隙。对主起落架动作筒该间隙应为 0.2 ～ 0.5 mm。

为了保证间隙测量准确，加入活塞杆的轴向力应符合规定。为此，待作动筒活塞杆放下并上锁后，应卸开膨胀活门的进油接头。因为活塞杆受外力作用后，放下腔的油压要升高，这样油压作用力会抵消一部分外力，从而影响测量的准确性。

钢珠锁的活动间隙过大，可能是钢珠、钢珠孔和锁槽（或锁圈）配合不当，需分解、检查。

（2）活塞行程的测量。如图 11-10 所示，向作动筒内输入一定的油压进行收放，分别测量出活塞杆收入时的外露长度和伸出时的外露长度。活塞的行程应等于活塞杆伸出时的外露长度，减去收入时的外露长度和机械锁的实际间隙。对于主起落架作动筒，该行程应为 435^{+2}_{-1} mm。

图 11-10　作动筒行程的检验

（3）钢珠锁的强度试验。当作动筒活塞伸出并上锁后，沿活塞杆轴线加 7 000 kg 的推力，保持 1 min，机械锁不得开锁。由于试验所需的外力较大，试验通常要在专用试验台上进行。试验时，被试验的作动筒固定在夹具上，将活塞杆与试验台的作动筒相连，操纵开关，向试验台的作动筒输入一定的油压，即可产生所需的外力。

另外，为了保证起落架作动筒在机械锁万一失效的情况下，仍能靠液压锁将起落架锁在放下位置，在试验机械锁的强度后还应检验液压锁上锁的牢靠性。试验的方法：将活塞杆往复运动，使作动筒充满油液，打开机械锁，往活塞杆上沿收上方向施加 7 000 kg 的推力，保持 1 min，活塞杆不得回缩。活塞杆压缩量过大，通常是由于液压锁不密封，放下腔的油液泄漏所致。

5. 冷气应急上锁和密封性试验

为了判断用冷气应急放起落架或襟翼时，作动筒的密封性和上锁情况，往往规定还用气压进行实验。从应急放起落架的冷气接头加入 2 ～ 3 MPa 的气压，机械锁应能上锁。当压力升高到 5 MPa 时，保持 3 min，检查作动筒放下部分各接合处和液压放下来油接头处均不应漏气。试验后放出作动筒中的气体。

6. 外筒的强度试验

外筒经珩磨或焊修后，应单独进行强度试验。要求在 1.5 倍的工作油压下，外筒各处不许变形或漏油。

【技能训练十一】

作动筒的修理

按工艺规程对作动筒进行分解、故检修理、装配、调试等训练任务，其具体工作任务见工作手册 23 ～ 26。

项目十二 液压泵的修理

【学习目标】

【知识目标】

（1）掌握液压泵的工作原理；

（2）掌握液压泵的构造；

（3）熟知液压泵常见故障产生的原因；

（4）掌握液压泵修理过程中的注意事项。

【能力目标】

（1）能够对产品进行接收和交付；

（2）能够对产品进行分解、清洗、装配和调试；

（3）能够对产品中的主要零件进行故检；

（4）能够针对零件的损伤情况进行修理或修理施工；

（5）能够对产品的常见故障进行分析。

坚守岗位，不负使命——海航集团金鹏航空维修技术员罗湘军用脚步践行

【素质目标】

热爱航空维修事业，养成敬仰航空、敬重装备、实事求是、认真负责、吃苦耐劳、团结协作、责任担当的机务工匠精神，坚持零缺陷、无差错的职业素养。

【任务描述】

● 阅读任务，在工作手册中完成任务

液压泵是液压系统的核心部件，是一种将机械能转换成液压能的机构，它通常由飞机上的发动机或专门的电动机带动工作。其作用是将机械能传递给油液，使之转换成压力能，再通过导管将压力能输送到系统的各部分，从而向系统提供收放工作需要的高压油，并在收放系统工作完毕后自动将供油量调节到零，以达到卸荷的目的。在使用中，对于液压泵除应保证其密封性良好外，主要要求它在规定转速和出口油压下，其供油量应达到规定值，以适应系统收放工作的需要。现有飞机液压系统典型部附件液压泵 ZB-34 要求进行大修，按照飞机部附件修理的流程对该产品依次进行分解、清洗、故检及修理、配套、清洗、装配、调试和交付。

液压泵的分解与故检修理

液压泵的装配与试验

一、液压泵的工作原理

1. 供油原理

供油部分由传动轴、主轴、万向轴、转子、9 个柱塞、分油盘、分油器和摆架等组成（图 12-1）。柱塞一端插在转子内，另一端由球形接头与主轴连接。转子一端用万向轴与主轴相连，另一端紧贴在分油盘上。分油盘与分油器一起固定在摆架上，分油盘上有两对弧形槽，分别与进油口和出油口相通。摆架由两个轴颈支承在壳体内。摆架上有接耳与调节套筒相连，调节套筒使摆架摆动，即可改变转子轴线的倾斜角 θ。

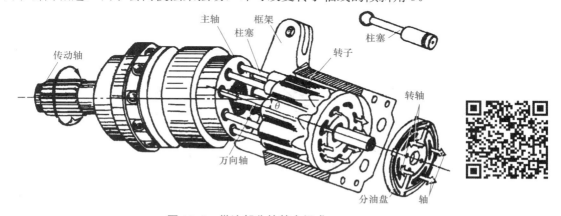

图 12-1　供油部分的基本组成

发动机工作时，带动转子旋转（由传动轴一端看为反时针方向旋转），柱塞在转子内做轴向往返运动。当柱塞转到分油盘的进油槽位置时，柱塞被逐渐拉出，工作腔容积增大，将油液吸入；柱塞转到分油盘的出油槽位置时，柱塞又会逐渐被推入，工作腔容积减小，将油液注出。转子每转一圈，每个柱塞完成一次吸油和注油工作。转子不断转动，液压泵不断将油液输入供压管路。

假设转子的转速为 n r/min，柱塞的截面面积为 F，柱塞的注油行程为 S，柱塞数目为 Z，则液压泵每分钟的注油量 $Q_{注}$（L/min）应为

$$Q_{注}=nFSZ$$

用上式求得的液压泵流量，是指柱塞吸油时工作腔能够完全充满油液，而注油时没有油液从液压泵内部间隙泄漏掉的条件下得出的流量，又称理论流量。对已制成的液压泵来说影响其理论流量的因素主要是转子的转速 n 和柱塞的注油行程 S。转子的转速增大，柱塞每分钟注油的次数增多，注油量增大。柱塞的注油行程 S 取决于转子轴线的倾斜角 θ，θ 增大，S 增大，注油量也增大。

试验表明，液压泵的实际流量或供油量 $Q_{供}$ 总是比其理论流量 $Q_{注}$ 小。这有两个方面的原因：第一，由于吸油腔压力降低、油液中混有气体、转速过大等原因，柱塞吸油时工作腔容积往往不能被油液填满，因此会减少一部分注油量。这一部分减少的注油量叫作填充损失 $\delta Q_{填充}$。第二，液压泵内部有泄漏间隙，如柱塞与转子之间的间隙等。柱塞注油时，

一部分油液会经这些间隙从高压区泄漏到低压区，由此减小的注油量叫作泄漏损失 $\delta Q_漏$。$\delta Q_漏$ 的大小与泵的间隙、进出口压力差及油液的黏度有关。液压泵的实际流量就是理论流量与上述两种损失之差。即

$$Q_供 = Q_注 - \delta Q_填充 - \delta Q_漏$$

2. 自动调节供油量原理

调节部分又称供油量调节器，由分油活门、定压弹簧、调节套筒、导向杆、回位弹簧等组成，如图 12-2 所示。分油活门的一端有滤网与液压泵出口油压 $P_出$ 相通。分油活门衬筒上有两对通油孔。大的通油孔与调节套筒内腔相通，小的通油孔经过液压泵壳体与回油路沟通。分油活门根据 $P_出$ 的变化控制调节套筒来改变转子的倾斜角，调节液压泵的供油量。

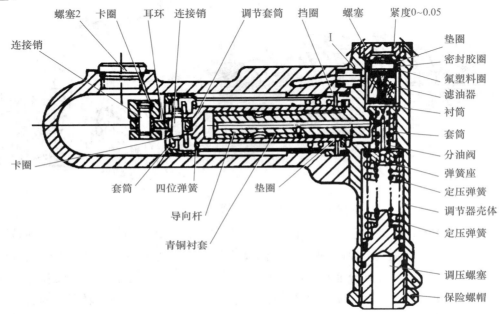

图 12-2 供油量调节器结构

液压泵不工作时，$P_出$ 为零，在定压弹簧作用下，调节套筒内腔经分油活门与回油路沟通。回位弹簧使调节套筒保持在完全收缩位置，因此，摆架和转子处于最大倾斜位置。

液压泵工作时，如果系统不进行传动工作，液压泵输出的油液只能充入蓄压器。随着蓄压器内气体受到压缩，油压逐渐增大。但在 $P_出$ <18 MPa 时，定压弹簧作用下分油活门位置未发生变化，转子仍保持最大倾斜角，液压泵处于最大注油量状态。如果不考虑填充损失，液压泵供油量应为注油量与泄漏损失之差，即 $Q_供 = Q_注 - \delta Q_漏$，而 $\delta Q_漏$ 是随液压泵出口压力的增大而增大的，所以出口压力增大时，液压泵的供油量仍会有所减小。

图 12-3 所示为液压泵的出口流量随出口压力 $P_出$ 的变化情况。线段 ab 表示 $P_出$ <18 MPa 时，其理论流量即注油量 $Q_注$ 保持不变；线段 ac 则表示在这一范围内液压泵的实际流量即供油量 $Q_供$ 要随 $P_出$ 的增大而有所减小。ab、ac 两线段间的垂直距离表示 $\delta Q_漏$。

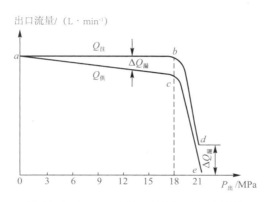

图 12-3　液压泵出口流量随出口压力变化

$P_出$增大到 18 MPa 后继续增大，油压即克服定压弹簧张力，向下推动分油活门，使调节套筒内腔与回油路断开，并接通来油。于是高压油液进入调节套筒，克服回位弹簧张力，使调节套筒伸出，减小摆架和转子的倾斜角，从而减小注油量 $Q_注$，与此同时，随着 $P_出$增大，$\delta Q_漏$也增大。因此，液压泵的供油量 $Q_供$就会随 $P_出$的增大而显著下降。线段 bd、ce 分别表示 $Q_注$与 $Q_供$随 $P_出$增大而下降的情况。同样，两线段的垂直距离表示 $\delta Q_漏$。

应当指出，只要液压泵的供油量尚未下降到零，油液仍不断充入蓄压器，液压泵的出口压力还是在继续增大。随着 $P_出$增大，分油活门打开的油路增大，高压油液使调节套筒继续伸出，以减小转子的倾斜角。当 $P_出$增大到 $21^{+0.5}_{-2}$ MPa 时，调节套筒将转子倾斜角调节到一个很小的角度，柱塞注出的少量油液，全部经泵内间隙以及调节套筒导向杆上的小孔（与调节套筒之间的间隙）后，由壳体上的回油接头流回油箱。即 $Q_注$，如图 12-3 中的 d 点所示。于是液压泵停止向蓄压器供油，即 $Q_注$=0，如图 12-3 中的 e 点所示，$P_出$不再增大。可见 $21^{+0.5}_{-2}$ MPa 就是液压泵正常工作的最大出口压力，也就是系统的最大压力。

这时液压泵的 $P_出$虽为最大值，但 $Q_供$为零，所以泵的输出功率为零，通常称液压泵处于"卸荷"状态。柱塞保持的很小注油量（2 ~ 2.5 L/min）经泵壳体流回油箱，可以使液压泵得到润滑和散热。

在这种情况下，一部分高压油液连续不断从分油活门流入调节套筒，并经其导向杆上的小孔及调节套筒与导向杆之间的间隙不断流入回油路。调节套筒即在内外压力差 P_1-P_2 及回位弹簧张力 $P_弹簧$的作用下，稳定在一个平衡位置，如图 12-4 所示，$(P_1-P_2)F=P_弹簧$。式中，F 为调节套筒的有效面积。

传动部分工作时，$P_出$要减小，定压弹簧就会伸张使分油活门向上移动。如果 $P_出$仍然大于 18 MPa（如用助力器传动平尾或副翼时），分油活门向上移动后，调节套筒内腔仍然是与来油接通的。但由于油孔开度小，流入调节套筒内腔油液流量也会减小，因此从调节套筒导向杆上的小孔及调节套筒与导向杆之间的间隙回油的流

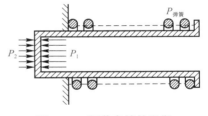

图 12-4　调节套筒的平衡

量也减小。于是调节套筒内外压力差减小，回位弹簧伸张，调节套筒收缩，最后调节套筒稳定在稍靠右边的新的平衡位置上。这就使摆架和转子的倾斜角增大，液压泵的注油量 $Q_{注}$ 增大，而这时由于 $P_{出}$ 减小，$Q_{漏}$ 已有所减小，于是 $Q_{注} > \delta Q_{漏}$，$Q_{供} > 0$，液压泵连续向系统供油，以适应传动部件的需要。

如果 $P_{出} < 18$ MPa（如收放起落架时），分油活门向上移动后就会使调节套筒内腔与来油路切断而与回油路沟通。于是调节套筒内腔油压卸除，回位弹簧伸张，使调节套筒回到完全收缩的位置。转子倾斜角又回到最大值，液压泵进入最大注油量状态，输出大量油液来满足传动部件工作的需要。

传动部分工作时，液压泵的出口流量随出口压力的变化关系，仍如图 12-3 所示。在这种情况下，虽然液压泵的出口压力较小，但供油量较大，液压泵的输出功率较大。

3．最大出口压力调整原理

由前述可知，液压泵的最大出口压力就是供油量为零时的泵出口油压，正常数值应为 $21^{+0.5}_{-2}$ MPa。如果此数值不符合要求，可以拧动调压螺塞进行调整。顺拧可使最大出口压力增大，反拧则使最大出口压力减小。

例如，液压泵的最大出口压力为 20 MPa，这时调节套筒稳定在某一伸出位置，保持 $Q_{注} = \delta Q_{漏}$，$Q_{供} = 0$。顺拧调压螺塞后，分油活门上移，减小了调节套筒内腔接通来油的油孔。因此，就减小了经过小孔和间隙流出调节套筒的回油流量。于是调节套筒内外压力差减小，回位弹簧使调节套筒收缩，从而使转子倾斜角增大，注油量增大。这样，$Q_{注}$ 又会大于 $\delta Q_{漏}$，$Q_{供} > 0$，液压泵又继续向蓄压器充油，使 $P_{出}$ 继续增大。

$P_{出}$ 增大后，一方面分油活门又会下移开大调节套筒内腔的来油孔，从而使调节套筒伸出，减小注油量 $Q_{注}$；另一方面 $\delta Q_{漏}$ 也会随之增大。因此，$Q_{注}$ 又会再次与 $\delta Q_{漏}$ 相等而使 $Q_{供}$ 减小到零，$P_{出}$ 不再增大。这时的 $P_{出}$ 就是调整后的液压泵最大出口压力，如果调整量适当，即可使最大出口压力恢复到正常数值 $21^{+0.5}_{-2}$ MPa。

■ 二、液压泵的构造

液压泵由壳体、供油部分（包括转子、柱塞、摆架等）和调节部分（包括调节套筒、分油活门等）组成。ZB-34 液压泵的构造如图 12-5 所示。

壳体用铝合金构成。壳体上装有进口接管嘴、出口接管嘴、回油接头、漏油接头和供油量调节器。壳体内压入钢制杯套，用来安装支承摆架的轴颈和支承主轴的滚柱轴承。壳体壁内有一条从出油口通向供油量调节器的高压油路。壳体壁上有两个直径为 14 mm 的螺塞。

主轴用两个滚柱轴承、一个滚珠止推轴承支承在壳体内，其前端有内花键齿与传动轴结合。在主轴的传动端，套有两个弹簧座和一个弹簧，它们与青铜球面垫圈及安装在壳体上的密封盖组成密封装置，防止液压油外漏和防止附件传动机匣内的润滑油漏入液压泵。密封盖上装有密封圈与壳体内壁贴合。内侧弹簧座紧套在主轴上，外侧弹簧座内侧有密封圈套在主轴上。两个弹簧座之间有凸齿结合。主轴旋转时，带着弹簧座一起旋转，弹簧张力使球面垫圈紧贴在密封盖的凹面上转动，并保持密封。液压油可通过球面垫圈上的凹槽和小孔进入球形贴合面，保持润滑。经过球面垫圈渗漏的油液，可从漏油接头流出泵外，液压泵工作时允许的漏油量不超过 10 cm³/h，不工作时为每 2 分钟不超过 1 滴。

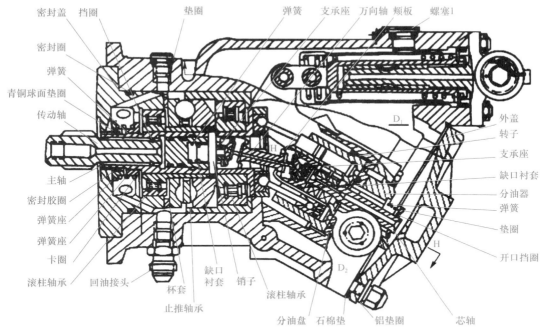

图 12-5　液压泵的构造

主轴后端装有柱塞连接盘。9 个柱塞分别通过带球形头的小连杆和铜制球形座安装在连接盘上。连接盘用 3 个销子、6 个螺钉与主轴后端中心通过万向轴与转子相连。万向轴由两端带球形头的连杆、销子和夹板组成。两端球形头上各有一个销子安装一对夹板，分别插入主轴和转子中心的缺口衬套内。球形头则顶在铜制支承座上，为了消除传动间隙，在主轴中心的支承座下用弹簧顶住万向轴。

转子中心通过心轴与分油盘、分油器连接在一起。转子由两个滚珠轴承支承在心轴上，心轴外端有弹簧使转子与分油盘保持贴合。转子上有 6 个柱塞孔。为了保证柱塞与柱塞孔壁配合间隙适当，每个柱塞与柱塞孔都刻有编号以便装配时"对号入座"。

分油盘安装在分油器上的定位销上，它不随转子旋转。分油盘上的两条弧形长槽内各开有两条通油短槽，分别与进出油口接通，如图 12-6 所示，弧形槽两端间比转子的注油孔宽。为了避免柱塞转到这个位置时，注不出油而受到过大挤压，在通出油口的弧形槽两端开有卸压缺口。在分油盘与转子贴合的一面镀银，以保证贴合严密。

分油器固定在摆架上。在分油器与分油盘贴合的平面上开有两对通油槽，分别经过两对圆形通油孔与摆架上的油路沟通。摆架支承在两个轴颈上。轴颈是空心的，用滚珠轴承和钢衬套支承在壳体上的进油口和出油口内。轴颈插入摆架上的轴颈孔，即将摆架上的油路分别与进出油

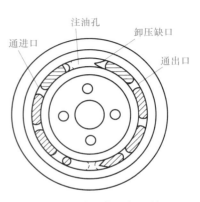

图 12-6　分油盘及卸压缺口

口接通。进口接管嘴和出口接管嘴安装在轴颈外，由弹簧垫圈通过钢衬套压紧轴颈保持密封。出口接管嘴底上有小油嘴用来将高压油液经壳体壁内的油路引到供油量调节器去。进出口接管嘴内各垫圈均经选配，以保证各零件之间的间隙适当。

外盖通过 12 个螺栓和螺母与壳体固定。外盖与壳体的结合面之间用耐油橡胶石棉垫密封。

供油量调节器壳体内装有油滤、分油活门及其衬筒、定压弹簧（大、小各一个）、弹簧座、调压螺塞。油滤外面用螺塞拧紧，为了保证规定的紧度，油滤与螺塞之间选配了适当的垫圈。

调节器壳体的侧面有三个通油孔，一个与液压泵壳体壁上通向出油口的油路沟通；一个通向调节套筒内腔；一个接通液压泵壳体的回油孔。后两个通油孔与分油活门衬筒上的油孔配合。导向杆与供油量调节器壳体是一个整体。调节套筒套在导向杆上，导向杆外面紧套着青铜衬套。为了减小由于间隙偏斜而形成的液压侧向力，防止调节套筒卡滞，在青铜衬套上开有横向沟槽。回位弹簧安装在液压泵壳体内的套筒内。供油量调节器安装在液压泵壳体上以后，用连接销将调节套筒的耳环与摆架的接耳相连，连接销外面用卡圈保险。从液压泵壳体上拆下下固定螺母，拆卸供油量调节器时，必须注意防止回位弹簧跳出伤人和损坏零件。拧动调压螺塞可调整其出口压力，通过更换调节器底部的垫圈（改变其厚度）可改变转子的最大倾斜角，从而调整最大供油量。垫圈厚度改变 0.6 mm 供油量改变 1 L/min。

■ 三、常遇故障及原因分析

1. 液压泵内部零件磨损，最大出口油压 $P_{max} < 21^{+0.5}_{-2}$ MPa

液压泵长期使用后，其内部工作零件（柱塞、分油盘、调节套筒导向杆等）会磨损而使漏油间隙增大，在正常情况下，磨损比较缓慢。但是，如果油液不清洁，含有杂质、水分而使零件之间的油膜破坏，或者油液变质、温度升高而使润滑性变差，磨损就会加剧。如果油箱内油液量不足或液压泵气塞而发生干磨，磨损就会加快。

前面说过，油液通过间隙的渗漏量是与间隙大小的三次方成正比的，液压泵内部磨损间隙增大后，液压泵工作时，泄漏损失 $\Delta Q_{漏}$ 就会随出口压力增长而加快增大。

液压泵磨损还不太严重时，其出口压力还可以增大到 18 MPa 以上，使分油活门接通油路，高压油液进入调节套筒，去推动调节套筒减小转子倾斜角。但由于间隙增大了，$\Delta Q_{漏}$ 增大较快，在调节套筒伸出量较小。转子倾斜角较大时，液压泵的注油量 $Q_{注}$ 就会与 $\Delta Q_{漏}$ 相等而使供油量提前等于零（图 12-7，$L_2 < L_1$，$Q_2 > Q_1$）。显然，这时液压泵的出口压力就要小于规定值 21 MPa。在这种情况下，可以顺拧调压螺塞使出口压力恢复正常。根据经验，须拧调压螺塞 15°，可使出口油压上升 1.5 MPa。

液压泵磨损比较严重时，泵内间隙很大，$\Delta Q_{漏}$ 就会随出口压力增大而急剧增大。这样，在出口压力小于 18 MPa 分油活门尚未工作，转子在最大倾斜角位置时，注油量 $Q_{注}$ 就会与 $\Delta Q_{漏}$ 相等而使出口压力不再上升。在这种情况下，顺拧调压螺塞已经不起作用。

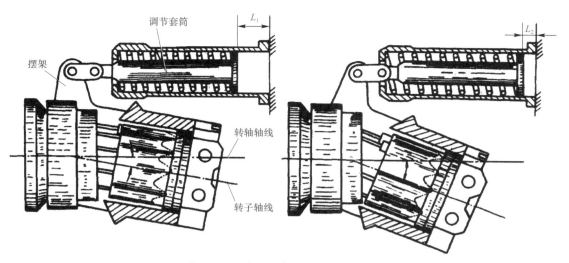

图 12-7　液压泵磨损前后情况对比

2. 供油量调节器不正常引起液压泵最大出口压力不符合规定

供油量调节器不正常通常表现为分油活门和调节套筒卡滞、分油活门进口油滤堵塞、弹簧疲乏等。

分油活门被油液中的杂质卡在起始位置，当液压泵出口压力达到 18 MPa 以上后，高压油液不能压动分油活门，使调节套筒工作。因而，转子倾斜角仍保持在最大值，出口压力就会急剧上升，甚至达到打开安全活门的程度。

如果分油活门卡在液压泵卸荷的位置，则当传动部分工作，液压泵出口压力下降时，分油活门就不能自动改变油路，使调节套筒工作，去增大转子的倾斜角，从而增大供油量。这样，系统压力下降后，就不能再上升。

调节套筒卡在起始位置，液压泵出口压力增大后，转子倾斜角就不能减小，因此，系统压力就可能一直增大到安全活门工作时为止。不难理解，如果调节套筒卡在液压泵卸荷的位置，系统压力下降后就不能上升。

分油活门进口油滤被脏污堵塞，流油不通畅，则在液压泵出口压力达到规定值时，由分油活门流入调节套筒，并经导向杆上的小孔及调节套筒与导向杆之间的间隙回油的流量就会比正常情况下小。这样，调节套筒的内外压力差减小，因而，调节套筒的伸出量较小，转子的倾斜角就会比正常情况时大。因此，液压泵柱塞的注油量 $Q_{注}$ 仍然大于泄漏损失 $\Delta Q_{漏}$，出口压力还要继续增大。要待分油活门的油路再开得大一些，使调节套筒再伸出一些，继续减小转子的倾斜角，才能使 $Q_{注}$ 等于 $\Delta Q_{漏}$，从而使出口压力停止上升。显然，这时液压泵的最大出口压力就要比正常数值大，油滤堵塞越严重，最大出口压力就越大。

定压弹簧疲乏，弹力变小，出口压力增大到较小数值时，就可以压动分油活门打开较大油路，从而使较多油液经调节套筒回油，可使调节套筒内外产生较大压力差，将转子调到很小角度。这样，$Q_{注}$ 就会提前在出口压力较小时与 $\Delta Q_{漏}$ 相等而使油压停止上升。回位弹簧疲乏，调节套筒就可以在较小的压差作用下，将转子调到很小角度。这样，$Q_{注}$ 就会提前在出口压力较小时与$\Delta Q_{漏}$相等而使油压停止上升。可见，在这两种情况下，液压泵的最大出口压力都会小于规定数值。

3. 在转速 $n = 4\,000$ r/min，出口压力 $P_{出} = 18$ MPa 时，油泵供油量 $Q < 38^{+1.5}_{-2}$ L/min

油泵供油量小于规定值主要有两个方面的原因：一方面是填充损失过大，引起填充损失增大的因素是油箱增压不够，进油管变形，使进油困难，或进油管不密封使油泵吸入空气使系统的供油量降低；另一方面是泄漏损失过大，由于油泵内部零件磨损，使高压油液从内部间隙泄漏到低压区，造成供油量降低。磨损主要部位有柱塞和转子、分油盘和转子、分油活门与套筒、调节套筒和导向杆等配合处。

4. 外部漏油

油泵外部漏油由壳体各接合部位密封装置损坏或装配不当而引起。主要部位有进出油接头、调压螺母、回油接头、密封盖等与壳体接合处，另外，青铜球面垫圈与密封盖之间磨配精度不够也会引起外部漏油。

5. 液压泵的"气塞"

液压泵工作时，其内腔被气体充塞，因而出现吸不进油、注不出油，打不上压力的现象，叫作液压泵"气塞"。液压泵发生气塞，就会破坏系统正常工作，而且会使液压泵严重磨损。因此，发生这种现象应当及时排除。

液压泵气塞有两种情况，一种是由于吸油腔压力过低产生了空隙现象，主要是因为油箱增压不正常（如油箱盖漏气等）造成的，通常在高空中发生；另一种是由于空气从某些途径进入系统，使油液中混入空气而产生的。工作中经常遇到的是这种"气塞"，下面来研究其形成原因和预防措施。

液压油液中混有空气是造成液压泵气塞的外因，内因则是液压泵柱塞的工作腔内有剩余容积，如图 12-8 所示。

所谓剩余容积，就是指柱塞注油完毕时，工作腔内排不出去的那部分油液所占据的体积。如果油液中没有空气，油液的压缩性很小；剩余容积对液压泵的供油量是没有影响的。但如油液中混有空气，情况就不同了。

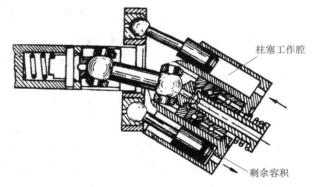

图 12-8 剩余容积

液压泵工作时，在进油口，柱塞将混有空气的油液吸进工作腔。当柱塞转到出油口时，柱塞将一部分空气和油液增压，挤入系统；另一部分经过增压的空气和油液，则保存在剩余容积内。当柱塞再次进入进油口吸油时，剩余容积内的空气就会膨胀，占据一部分工作腔容积，使柱塞的实际吸油量减少。柱塞又注油时，膨胀后的空气又要被压缩到剩余容积里去，而注出去的只是实际吸进来的那点油。这样就产生了填充损失，使液压泵的供油量随之减少。油液中混入的空气越多，液压泵出口油压越大，则空气膨胀后占据的工作腔容积就越大，供油量越小。当油液中含有的气量多到一定程度时，液压泵的出口压力还不很大时，空气就可能膨胀而占满整个工作腔容积。这样，液压泵工作时，就只是一团空气在柱塞工作腔内反复地压缩和膨胀，而不能吸油和注油，供油量降低到零，系统压力也就不能再上升。这就出现了气塞现象。对于气塞现象，应积极预防并及时排除。

液压泵的剩余容积，在构造上是不可避免的。但是，如果吸进液压泵的油液中，未混有空气，虽然有剩余容积但不会引起气塞。可见，防止气塞必须从防止空气进入系统入手。

为此，应当注意检查液压油箱的油量是否足够；安装液压泵前，应将泵内灌满油液，排除空气；拆装、更换附件导管或应急放起落架以后，都应及时放气。

液压泵发生气塞，声音会变轻，而且会迅速发热，地面检查一般都可以检查出来。发现后应依具体情况进行排除。如果进入系统的空气不多，则可在液压泵工作时，收放几次襟翼，油压即可能上升。因为这时液压泵出口处于低压状态，空气在剩余容积内压缩的不多，回到进油口时，膨胀后占据的容积较小，柱塞又可以吸油和注油。这样，液压泵进口的空气就可以随油液一起输入系统，再回到油箱排出。如果进入系统的空气较多，则应在液压泵工作时，稍微拧松出油管路上的某个接头放气。如果采取上述措施后气塞仍不能排除，则应立即关闭液压泵，查明原因后再排除，以免液压泵磨损。

【技能训练十二】

液压泵的分解

分解油泵前，应检查油泵的外部是否完整，壳体是否有损伤，履历本是否齐全。并根据故障现象分析故障原因，从而确定分解范围，对可调部位及易混部位做好长度或方位标记，然后进行局部或整体的分解，不能盲目地大拆大卸。原则上所有零件都应分解检查，但像壳体组合件、带柱塞的轴、芯轴、万向轴、调节器壳体、轴承衬套、耳环组合件、摆架分油器组合件等若零件完好，允许不分解，整体修理后继续使用。

分解时，应根据油泵的总装图认清各零件的名称及相互位置关系，分解后，每台油泵的零件应集中放置在专用的瓷盘或盒子中，不得与其他泵的零件混淆，保证每台泵的零件原套装配。液压泵的分解如图12-9所示，其具体任务见工作手册27。

图12-9　分解后的液压泵

液压泵的故检修理

油泵经过分解以后，要根据技术要求认真仔细地检查各个零部件的损伤情况，测量活动部件及配合零件的尺寸公差是否在规定的范围内，制定出详细的修理方案，然后进行有效的修理或更换，以保证最大限度地恢复液压泵的工作性能。

分解后的橡胶零件及橡胶石棉纸零件全部报废换新。油滤的滤网不许有破损、断丝、脱焊现象，否则换新。

传动杆、转子、轴颈、带柱塞的轴及万向轴应进行磁力探伤，不准存在裂纹和发纹现象，不允许有磨偏现象及剪切痕迹。液压泵的故检及修理如图12-10所示，其具体工作任务见工作手册28。

图 12-10　修理中的液压泵球面零件

液压泵的装配

在液压泵总装前，需要对摆架、带柱塞的轴等组件进行组装及试验。

一、摆架组装与试验

装配时，先将4个氟塑料圈和4个橡胶圈涂上YH-10液压油按图12-11所示装入轴颈安装孔的槽，用专用芯棒插入转动，挤压整形。将分油盘及与分油器结合面上涂上红丹粉，检查其贴合面积应不小于80%，且沿圆周不许有断色现象，检查合格后清洗干净再进行装配。装配完毕后，将摆架装夹在专用试验夹具上，向分油器接合部位加入25 MPa的液压力，保持5 min，接合处不得漏油。

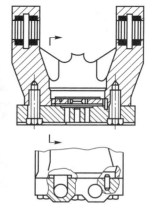

图 12-11　摆架的组装

二、带柱塞的轴的组装及试验

如图12-12所示，首先将一个氟塑料圈5涂油后装入衬套2的槽中，并收压外径，然后将两个橡胶圈1涂油后装上。注意氟塑料圈5与橡胶圈1的位置不能装错。将氟塑料圈4涂上YH-10液压油用专用导具装入柱塞3，并用专用整形套整形，保证与转子的配合。装配完毕后将轴装在专用夹具内，加入 0.8 MPa 的液压，保持 5 min，不允许有沿轴套漏油现象。试验完毕后可进行轴承的装配。装配各轴承前应在各配合表面均匀涂上薄薄的一层 2 号润滑油，然后按图 12-13 所示的顺序首先装配轴承 2，使其端面靠紧，再装上内部零件弹簧 9，并插入销子 3（注意：轴承 2 内圈的斜面应朝向柱塞的一端）。将轴承 4 组合件装入轴上，注意衬套 1 的槽口应对正销子 3，并全部进入槽口内。轴承 8 的内圈斜面应朝向轴的尾端，不得装反，最后装上卡圈 5 并压装衬套 6，衬套 6 与轴 7 的过盈量为 0.02 ～ 0.05 mm，测量卡圈 5 与轴承 8 的间隙为 0.05 ～ 0.10 mm，超差时允许更换卡圈 5 进行调整。液压泵的装配如图 12-14 所示，其具体工作任务见工作手册 29、30。

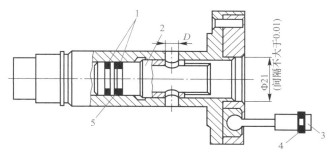

图 12-12　轴的装配

1—橡胶圈；2—衬套；3—柱塞；4、5—氟塑料圈

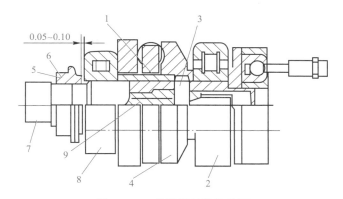

图 12-13　带轴承的轴的装配

1—衬套；2，4，8—轴承；3—销子；5—卡圈；6—衬套；7—轴；9—弹簧

图 12-14　装配中的液压泵

液压泵的试验

液压泵经过修理以后，应安装在油泵专用试验台上检验其性能是否符合要求，液压泵的试验内容主要有磨合运转、工作性能试验、密封性试验等。其具体工作任务见工作手册31。

一、磨合运转

如图12-15所示，在修理液压泵时，由于对分油盘等零件进行了研磨或更换了一些零件，零件配合面质检接触并不十分紧密，如果一开始就在高转速和高压力下进行工作，容易使零件配合面迅速磨损、划伤，降低修理质量。为此，在试验前必须进行磨合运转，先在低速、低出口油压下运转，再逐步增大转速和出口油压，以便对零件配合面进行磨合，使之接触紧密。

图12-15　液压泵的磨合运转试验

二、工作性能试验

液压泵性能试验主要用来调整液压泵压力、流量性能参数，如图12-16所示。

图12-16　工作性能试验

1. 液压泵最大出口压力及试验

液压泵在额定转速下，缓慢将液压泵出口完全关闭，然后调节调压螺塞，使出口压力上升到P_{max}，然后将调压螺塞锁定；将液压泵出口压力调整到零，再上升到最大；重复3次，每次试验，液压泵出口压力均应为P_{max}。

2. 供油量试验

供油量试验用于检查液压泵处于最大供油状态下的实际供油量，它包括最大转速的供油量和最小转速的供油量。

三、密封性试验

如图 12-17 所示，在进行液压泵磨合运转、性能试验时，应注意检查液压泵的外部密封性，壳体及各接合部位不允许渗油，漏油管嘴处允许滴漏，但每小时不得超过 10 mL。然后刹住液压泵传动轴，向进口接管嘴、回油接管嘴、出油管嘴分别加试验压力，保持 10 min，各接合面不允许漏油。最后，除漏油管嘴外，向所有接管嘴同时加入 2 m 高液柱压力，保持 1 h，各接合密封面不允许渗油，漏油嘴允许有油液漏出，但每 2 min 内不多于一滴。

图 12-17　密封性试验

参 考 文 献

[1] 郦正能，程小全，贾玉红，等 . 飞机部件与系统设计 [M] . 2 版 . 北京：北京航空航天大学出版社，2021.

[2] 宴初宏 . 机械设备修理工艺学 [M] . 2 版 . 北京：机械工业出版社，2019.

[3] 杜来林，宋晓军 . 飞机部附件检修 [M] . 北京：航空工业出版社，2006.

[4] 张建芳，杨娟，韩勇 . 基于项目教学法的飞机部附件维修实践教学探索 [J] . 实验科学与技术，2017，15（03）：111-113+164.